습관은 실천할 때 완성됩니다.

"전원생활, 로망만 갖고 준비 없이 시작하면 반드시 후회한다." 은퇴 후 전원생활을 고민하는 50~60대, 아파트 생활을 벗어나고 싶은 중장년층, 귀촌·세컨하우스를 계획하는 예비 이주자, 전원주택 건축 또는 매입을 고민하는 독자들에게 필요한 정보를 모았다. '마당 있는 집', '자연 속 삶'은 더 이상 막연한 로망이 아닌 현실적인 선택지로 떠오르고 있다. 그러나 충분한 준비 없이 시작했다가 기대와 다른 현실로 후회를 남기는 사례 또한 적지 않다. 전원생활의 환상과 현실을 동시에 보여주며 실질적인 준비 방법을 안내했다. 좋은 습관연구소의 66번째 습관은 "전원생활을 잘하는 습관"이다.

누구나 마당 있는 집을 꿈꾼다

김효찬 지음

찬집사의 전원생활 전원주택 가이드

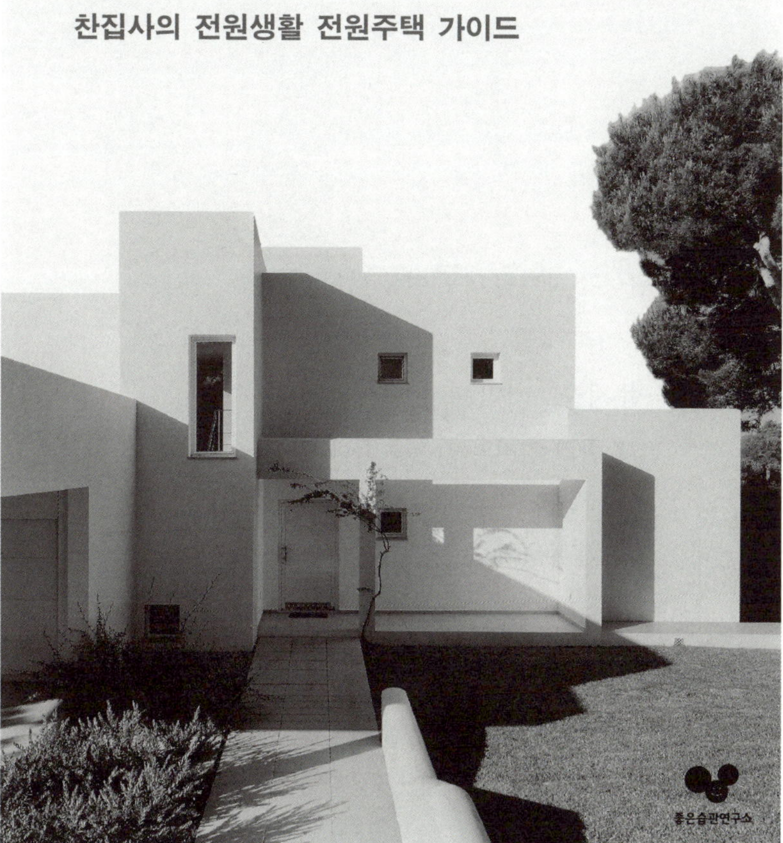

좋은습관연구소

프롤로그
마당 있는 집에 살기로 했습니다

"전원생활 하기엔 너무 이른 나이 아니야?"

"지금 아파트 팔면 나중에 가격 올라가서 후회할걸?"

"한 번 시골로 가면 다시 '인서울' 하기 힘들어."

이런 주변의 염려와 걱정을 등에 업고 30대 후반에 전원생활을 시작했다. 서울에서 태어나 도시에서만 살아 본 내가 시골 생활에 잘 적응할 수 있을까? 또 가족들은 어떨까? 걱정과 두려움을 안고 시작한 것이 어느덧 10년을 훌쩍 넘었다. 더불어 나도 50대 초반의 나이가 됐다.

서울에 살 때는 자전거를 참 많이도 탔다. 주말에 운동 겸 취미로 타는 것은 물론이고 출퇴근도 자전거로 했다. 그리고 전국 일주를 하고서는 그 경험으로 책도 냈다. (지금은 절판되었지만, 책 제목은 『내 생애 한 번은 자전거 전국일주』다.)

성동구 옥수동에 살 때, 퇴근 후 한강 자전거 도로를 따라 양평의 양수역까지 갔다가, 거기서 자전거를 싣고 옥수역으로 돌아오는 코스를 좋아했다(경의·중앙선 라인이다). 이때 양수역 뒤편으로 전원주택 단지가 있다는 것을 알게 됐다. 요즘은 핫도그로 더 유명해진 두물머리가 있는 양수리에 인접한 마을이었다.

"자전거로도 올 수 있는 거리인데 차를 타면 서울은 뭐 금방이지! 이 정도 위치면 서울 접근성이 좋아 살만하겠어!"

당시, 이렇게 스스로를 합리화하고 양수역 인근 부동산을 처음으로 방문해 보았다. 처음에는 한 1~2년 정도 살아보면서, 시골 생활 적응이 가능할지 알아보는 게 좋겠다 싶어, 전셋집부터 찾았다. 하지만 매매로 나온 집은 많았지만, 전세 물건은 거의 없었다. 그나마 전세로 나와 있던 집도 그리 썩 마음에 들지 않았다. 그렇게 전원생활의 꿈은 일시정지 됐다.

그 후로 2년쯤 지났을까? 우연찮게 마음에 드는 전셋집을 발견할 수 있었다. 좀 더 정확히 말해 마음에 쏙 들지는 않았지만, 그나마 살만한 집이었다(원체 전세 물건이 귀하다 보

첫 번째로 지은 집

니).

그렇게 나의 전원생활이 시작됐다. 그 집에서 도합 2년을 살았다. 아침마다 코에 스치는 공기의 싱그러움이 좋았다. 바쁘지 않게 천천히 흘러가는 시골 마을의 여유로움이 정겨웠다. 텃밭에서 수확한 작물이 나를 건강하게 만들어 주는 것 같기도 했다. 아이와 강아지가 함께 마당에서 뛰어노는 모습을 보는 것도 좋았다. 이보다 더 평화롭고 행복한 삶이 있을까?

그렇게 만족하며 "시골살이 살 만하네!" 결론을 내림과 동시에 집을 짓기 시작했다. 전세 계약이 만료되기 전에 집을 완공하는 것을 목표로 두고서 말이다. 그러니까 전원생활을 하고 채 2년이 안 된 시점이었다.

집을 지을 때 전세에 살았던 것이 많은 도움이 됐다. 당연히 전셋집에서 살면서 불편했던 점을 설계에 반영했다. 그런데도 또 아쉽고 불편한 점이 있었다. 그런 점들을 추가로 보완해 지금은 두 번째 집을 지어 전원생활을 이어가고 있다(첫 번째 집에서는 8년, 두 번째 집에서는 5년째 사는 중이다).

누군가는 "집은 세 번은 지어 봐야 그제야 마음에 든다"라고 한다는데, 나는 두 번 지었으니 아직 한 번은 남은 셈이다. 그러나 경험상 안다. 한 번 더 짓는다고 해서 100% 마음에 들 수는 없다는 것을.

처음에는 거실이 넓은 것이 좋았다. 그런데 살아 보니 거실보단 주방과 식당이 넓은 집이 더 효율적으로 보였다. 그리고 목공에 관심이 생기고부터는 공방 있는 집이 또 부러웠다. 이처럼 살아가면서 라이프 스타일은 변한다. 그래서 100% 만족하는 집이란 있을 수가 없다. 그저 100%를 향해 설계하고 지을 뿐이다.

나에게 완벽히 맞춤하지는 못 하더라도, 부실 공사나 하자로 마음고생하는 일은 없어야 한다. 100% 내가 원하는 집이든 아니든, 혹은 이미 지어진 집을 매매하든 똑같다. 집을 지을 당시 문제 없는 집을 짓고자 공부를 많이 했다. 하지만 전원주택 관련 자료는 건축회사에서 올린 것들이 대부분이었다. 골조는 뭐가 좋고, 창호는 어디 걸 써야 단열이 좋고, 평당 공사비는 얼마이고 등등. 물론 도움 되는 이야기는 많았지만 뭔가 알맹이가 빠진 듯했다.

나중에 알고 보니, 글이나 영상을 올린 건축사나 시공사 분들이 자신은 아파트에 살면서 그런 정보를 정리하다 보니, 직접 경험해본 사람만이 알 수 있는 알짜 정보란 게 없었다. 다시 말해 전원생활 미경험자의 이야기이다 보니, 피상적이거나 직접 집을 짓고 사는 삶과는 거리가 있었다. 나처럼 정보가 갈급한 사람에게는 건축가의 시선이 아닌 건축주(집주인을 업계에서 부르는 말)의 시선으로 직접 경험하고 느긴 정보가 필요했는데 그렇지가 못했다. 그래서 직접 전원주택(전원생활) 정보를 모으고 다른 사람이 볼 수 있도록 하면 좋겠다고 생각하고 유튜브를 시작했다. '카더라 통신'이 아닌 리얼하고 생생한 정보를 담은 채널을 운영하고자 했다(채널명은 '찬집사의 전원주택'이다).

간혹, 구독자분이 전원생활에 적응에 많은 도움을 받았다고 감사의 메일을 보내줄 때가 있다. 그럴 때면 유튜브를 잘했구나 싶고, 나 또한 감사함을 느낀다.

이제는 10년 이상 전원생활을 했고, 그간 쌓인 노하우로 유튜브 채널도 운영할 정도니, 자칭 '프로 시골러'라고 어디가서 말한다. 하지만 아직도 배워야 할 게 많다. 10년 경험자도 이럴진대, 처음 전원생활을 시작하는 사람이라면 오죽할까? 설레면서도 두렵기도 하고 막막하기도 할 것이다.

이 책은 그런 분을 위해 쓰게 되었다. 유튜브가 이미 전원생활을 하는 분을 대상으로 한다면, 책은 이제 막 꿈꾸고 정보를 모으기 시작하는 분을 위한 것이다.

마당 있는 집에서의 삶을 꿈꾸고 있는 이들이 많다. 이 책이 좋은 길잡이가 되었으면 좋겠다.

목차

1부 — 전원생활의 준비

1. **전원생활의 장점1** - 꿈 꾸던 세상과의 조우   14

2. **통계로 본 전원생활** - 귀농이야? 귀촌이야?   27

3. **전원생활의 장점2** - 이렇게 좋답니다   37

4. **전원생활의 단점1** - 미리 알면 실패가 없다   49

5. **전원생활의 단점2** - 단점을 장점을 바꾸는 법   60

6. **전원생활에 대한 오해1** - 시골은 텃세 때문에 못살아?   67

7. **전원생활에 대한 오해2** - 관리비가 더 든다?   79

8. **전원생활 선배의 조언** - 관리 요소를 줄여라!   89

2부 — 전원생활의 시작

---

9. **전원생활 맛보기** - 시작은 일단 전세로   **112**

10. **전원주택 구입** - 이런 집은 사면 안 돼   **124**

11. **전원주택 땅 구입1** - 이런 땅은 사면 안 돼   **133**

12. **전원주택 땅 구입2** - 내게 맞는 땅 찾는 법   **149**

13. **전원주택 짓기1** - 건폐율은 뭐고, 용적률은 뭐지?   **158**

14. **전원주택 짓기2** - 건축 공정 이해하기   **167**

15. **전원주택 짓기3** - 이층집 짓기 유의할 점   **181**

16. **전원주택 짓기4** - 은퇴자를 위한 집 짓기   **191**

17. **전원주택 짓기5** - 시공 업체 잘 만나는 법   **200**

18. **전원주택 짓기6** - 공사 용어 이해하기   **211**

3부 — 전원생활의 완성

---

19. **전원생활 벌레 퇴치법** - 밉게만 보지 말자!   **224**

20. **전원생활 시즌별 대비책1** - 장마가 오기 전 해야 하는 일   **231**

21. **전원생활 시즌별 대비책2** - 겨울이 오기 전 해야 하는 일   **238**

22. **전원생활 필수 아이템1** - 이건 꼭 필요해!   **247**

23. **전원생활 필수 아이템2** - 태양광 주택지원사업   **258**

1부 —— 전원생활의 준비

1부 —— 전원생활의 준비

1

꿈 꾸던 세상과의 조우
전원생활의 장점1

전원생활, 월세든, 전세든, 자가든 상관없다. 지어진 집을 사든, 집을 짓든 상관없다. 생활 기간이 1년, 5년, 10년이어도 괜찮다. 죽기 전에 꼭 한 번은 전원생활의 참맛을 느껴보라고 말하고 싶다. 같은 하늘 아래 또 다른 세상(삶)을 맛볼 수 있다.

전원에서 생활하면 어떤 것이 가장 먼저 떠오를까? 다들 비슷하게 생각하는 부분도 많을 것 같다. 첫 번째 글을 통해서 이미 전원생활을 하고 있는 나와 독자 여러분은 어떤 점에서 같은 생각을 하고, 반대로 그렇지 않은지, 잘 비교해보면 좋겠다. 그러면 전원생활의 실제와 환상(로망)도 어느 정도 구분해낼 수 있다.

좋은 공기와 여유로움

내가 꼽는 첫 번째 전원생활의 장점은 좋은 공기와 여유로움이다. 실제 통계 자료를 보더라도 알 수 있다. 전원생활을 선택한 분들이 가장 높은 비율로 말하는 것도 이와 동일하다.

나 같이 술 좋아하는 사람은 한 번쯤 경험해 봤을 것 같다. 펜션이나 공기 좋은데 가서 술을 마시면 평소 주량보다 더 마시게 되고, 평소 주량보다 더 마셨는데도, 다음날 숙취가 덜한 마법 같은 경험 말이다. 근데 이는 술을 마시면 체내 산소 소비량이 증가하는데, 공기 좋은 곳에서 좋은 산소를 지속적으로 보충을 받아 숙취가 덜 하다고 한다(실제 과학적으로도 근거가 있다고 함). 그만큼 맑은 공기는 우리 몸을 리프레시 하도록 도와준다. 황사나 미세먼지로 가득 찬 도시 생활만 하던 사람에게 시골의 맑은 공기가 얼마나 소중하고 좋은지는 더 이상 말하지 않아도 될 것 같다.

좋은 공기 다음으로는 여유로움이다. 나는 매일 운전을 해서 회사(도곡동)로 출퇴근을 한다. 집에서 출발해 운전할 때는 마음이 여유로운데, 서울에 진입하는 순간이 되면, 묘하게도 마음이 급해진다. 차들이 많아 그럴 수도 있지만, 남들보다 빨리 가야 한다는 조바심 때문에, 집 근처에서 운전할 때보다 훨씬 더 자주 차선을 변경한다. 마치 오랜 서울

생활에 길들여졌던 과거의 내 모습 같다.

차가 아닌 지하철을 이용할 때도 주변 사람들에 휩싸여 같이 빠르게 걷는다. 움직이는 에스컬레이터에서도 가만히 기다리지 못하고, 성큼성큼 발판을 계단처럼 이용해 이동한다. 특별히 급한 일도 없는데, 다들 바삐 움직이니 나도 그래야만 할 것 같다. 군중 심리일 수도 있고, '빨리빨리'란 서울 생활의 습관이 아직 남아서인 것 같기도 하다.

그러다가도 신기하게 서울을 벗어나 집 근처에만 와도 조급함은 싹 사라진다. 어깨를 부딪치는 그런 경쟁적인 상황이 없어서인지, '슬로우슬로우'한 마음으로 행동이 한결 여유로워진다. 어디 행동뿐이겠는가. 아마 마음도 그럴 것이다.

딸아이와 같이 서울에 간 적이 있다. 시골과는 다른 문명의 공간, 화려하고 생기 넘치는 서울을 아이는 어떻게 생각할지 궁금했다.

"딸, 서울 오니까 어때? 좋아? 우리 동네하고 뭐가 다른 것 같아?"

나는 내심 '우와 건물도 엄청 높고, 차도 사람도 많고, 되게 화려하다' 이런 흥분된 어조로 아이가 답변할 것으로 생각했다. 그런데 아이는 전혀 상상하지 못한 말을 했다.

"아빠, 하늘이 잘 안 보여."

순간 '쿵' 하고 마음에 울림이 일어나며, 세속적인 답을 생각한 내 모습이 부끄러워졌다. 여러 가지로 묘한 감정이 섞이던 날이었다.

그런 것 같다. 아이는 자기가 좋아하는 하늘이 잘 안 보이는 것이 그 어떤 것보다 우선시 될 수 없었다. 높은 빌딩보단 넓은 하늘을 볼 수 있을 때 사람은 여유로워진다는 것을 그날 아이에게서 배웠다.

소음에서의 자유

전원생활의 두 번째 장점은 소음에서 자유롭다는 것이다.

아파트 층간 소음 분쟁은 이제 너무나도 흔해, 뉴스로 나와도 그다지 놀랍지 않다. 하지만 간혹 살인 사건의 원인으로 층간 소음이 지적받을 때는 정말 무섭기도 하다. 소음이라는 것이 듣는 사람 입장에서는 엄청난 괴로움이다. 그리고 이를 조심스레 생각하고 주의를 기울이는 사람으로서도 정말 큰 스트레스다. 특히 한참 뛰어놀 아이에게 뛰지 말라고 잔소리해야 하는 부모 마음은 겪어보지 않고서는 모른다.

하지만 이런 스트레스가 전원생활에서는 사라지고 없다. 그래서 층간 소음 스트레스 때문에 그리고 아이에게 좀 더 자연 친화적인 삶을 제공해 주고자 시골로 오는 30대, 40대 젊은 부모도 늘어나는 추세다.

            1부 ─ 전원생활의 준비

다른 곳은 몰라도 내가 처음 집을 지었던 동네는 아이 있는 집이 많이 늘었다. 그때는 우리 집에만 아이가 있어서 동네 부동산 사장님이 나를 '애기 아빠'라 불렀다. 지금은 애기 아빠가 다섯 집이나 된다. 젊은 엄마 아빠가 아이를 데리고 시골로 많이 이사 오는 덕에 웃음소리가 동네에 가득하다. 그것만큼 좋은 것도 없다. 이건 소음이 아닌 추억이고 활기다. 술래잡기, 꼼꼬미, 다방구 등을 하며 아이들과 저녁 늦게까지 뛰어놀던 모습을 중장년들은 기억할 것이다. 하지만 지금은 모두가 도시에 살면서 아이들 노는 소리는 사라지고 대신 자동차 지나다니는 소리, 경적 소리만 가득하다.

새소리, 물소리 같은 자연의 소리가 마음을 편안하게 해 준다는 사실은 말 안 해도 될 것 같다. 일부러 명상하거나 마음을 편안하게 하려고 이런 영상을 유튜브에서 찾아보는 (듣는) 사람도 있다. 누군가는 일부러 찾아 들어야 하는 소리지만, 나는 매일 듣는다. 얼마나 호사로운 삶인가.

사람은 자연에 있을 때 본능적으로 편안함을 느낀다. 전원생활을 한다는 것은 일상에 편안한 ASMR이 녹아 있는 삶을 사는 것이나 다름없다.

활용도 만점의 마당

전원생활의 세 번째 장점은 마당과 정원이 있는 삶이다.

마당이 있는 것과 없는 것은 살아 보니 삶의 질 면에서 정말로 많은 차이가 난다. 펜션에 놀러 간 것처럼 마음만 먹으면 언제던 바비큐 파티를 할 수 있는 것은 물론이고, 테이블과 의자만 놓으면 야외 카페나 식당이 되기도 한다. 아이들과 공놀이를 하고 배드민턴을 칠 수도 있고, 캠핑을 좋아하는 사람이라면 텐트도 치고 모닥불을 피워 나만의 캠핑장을 만들 수도 있다.

코로나 시국일 때는 사람들이 집에서 보내는 시간이 많았다. 집에서만 있으니 답답함을 느끼고, 심한 사람은 우울증 증세가 나타나기도 했다. 전원주택에 살면 그런 답답함을 해소할 수 있다. 바로 마당 때문이다. 실제로 코로나 때, 마당이 넓은 전원주택으로 이사한 사람이 많았다고 한다.

마당이 있으면 반려동물과의 생활도 활기차다. 우리는 전원주택으로 이사한 뒤 중형견 두 마리를 키우기 시작했다. 어릴 적 마당에서 큰 개를 키우는 것이 꿈이었는데, 그걸 이룬 셈이다.

사람과 마찬가지로 개들도 마당에서 자유롭게 뛰어놀고, 흙냄새, 풀 냄새를 맡으며 살기 때문에 스트레스를 받지 않는다. 아파트에서 반려견을 키우는 분들은 일부러 강아지

　　　　　　　　　　　　　　　　　　

들 뛰어놀게 하려고 애견 카페를 찾기도 한다는데, 우리 집
에서는 마당이 곧 애견 카페다.

또 꽃을 좋아하고 정원 가꾸기를 좋아하는 분이나, 텃밭
을 좋아하는 분들도 자신의 라이프 스타일에 맞게 다양한
목적으로 마당을 활용할 수 있다. 이렇듯 마당은 우리 가족
만의 놀이터나 다름없다.

관리비가 없다

네 번째 장점은 아파트나 공동 주택(빌라)에서 내던 관리
비가 없다는 것이다.

계산하기 편하게 한 달 아파트 관리비가 20만 원이라
고 가정해 보자. 전원주택에서는 관리비가 없으니 1년이면
240만 원이 절약된다. 그런데 이 말은 관리비를 내지 않는
대신 내가 직접 240만 원어치의 노동을 투입해 집 관리를
해야 한다는 말이기도 하다. 그래서 부지런한 사람만 전원
주택에 살 수 있다는 말도 많이 한다. 집 안 곳곳은 물론이
고, 아파트에 살 때는 신경도 쓰지 않던 외벽 보수, 마당의
잔디 깎기, 나무 전지 등도 해야 하기 때문이다.

외국 영화를 보면 잔디 깎는 모습도 낭만적으로 보인다.
가끔은 그런 이유로 놀러 온 지인들이 꼭 한 번씩 잔디깎이
를 해보고자 한다. 그러면 난 1초의 망설임도 없이 얼른 잔

　　　　　　　　　　　　　　　전원생활의 장점

디깎이를 내준다. 내가 해야 할 노동을 대신해준다는데, 얼마나 고마운 일인가(^^).

한여름인 7~8월에는 잔디가 정말 무섭게 자란다. 날은 덥고 습한데, 잔디를 깎다 보면 정말 진이 다 빠진다. 영화 같은 걸 보면 왜 외국 사람들이 돈을 주고 남들에게 잔디를 깎게 하는지 이해가 된다.

그렇다면, 잔디는 전원주택에서 무조건 있어야 하는 걸까? 물론 그렇지는 않다. 마당 위로 푸른 잔디밭이 전원생활의 로망이겠지만, 관리를 생각한다면 최소화하는 것을 추천한다. 잔디밭 외에도 텃밭을 가꿔야 하고, 가을에는 낙엽도 치워야 하고, 겨울에는 눈도 치워야 하는 등 해야 할 일이 많기 때문이다.

물론, 관리라는 것이 땀을 필요로 하는 힘든 일이지만, 그만큼 내가 신경 써서 예쁘게 우리 집을 유지 관리한다는 것은 또 다른 즐거움이 되기도 한다.

일광 소독

다섯 번째 장점은 일광 소독!

볕이 좋은 날이면, 빨래나 이불도 말리고 햇빛으로 마음껏 소독도 할 수 있다. 군대에서 모포 털 듯이 이불이며 카펫도 속 시원하게 털 수 있다.

나는 신혼 시작을 작은 오피스텔에서 했다. 오피스텔 구조상 베란다가 없어 빨래를 말리는 것이 참 불편했다. 안 그래도 작은 공간에 건조대를 펴면, 왔다갔다 다니기도 불편했다. 집은 또 북서향이라 햇빛이 부족하고, 그래서 빨래에서는 늘 쿰쿰한 냄새가 났다. 장마철에는 더 말할 것도 없었다. 그래서 그때는 베란다 있는 집을 정말 많이 부러워했다.

베란다가 빨래 건조만을 위한 공간이라면, 나는 100평이 넘는 베란다가 있는 집에서 살고 있다. 이 정도면 더 이상의 말이 필요 없다.

요즘은 건조기라는 게 보편화되어 빨래 말리기가 수월하다지만, 햇빛과 자연 바람으로 말린 것과 기계 열로 말린 것은 비교 대상이 안 된다. 낮에 일광 소독한 이불을 밤에 덮고 잘 때 은은하게 퍼지는 햇빛 향과 뽀송뽀송한 촉감, 느껴본 사람만이 알 수 있는 행복감이다.

유기농 텃밭

전원생활의 여섯 번째 장점은 유기농 텃밭이다.

바비큐 파티를 할 때 상추, 깻잎, 로메인, 겨자, 쑥갓, 고추 등 유기농 채소를 한 아름 따 먹을 수 있다. 신선한 유기농 채소는 건강 그 자체다. 마트에서 상추를 사면, 먹고 남

텃밭에서 수확한 배추와 무로 김장 준비

은 상추를 신선하게 보관하기 위해 신문지에 싸서 냉장고에 보관한다. 도시에서 산 야채는 그렇게 신경 쓰고 보관을 해도 며칠이면 물러진다. 그러나 우리 집 마당 텃밭에서 딴 상추는 신문지 없이 그냥 냉장고에 둬도 일주일 이상 싱싱함이 유지된다.

예전에는 삼겹살 먹을 때 쌈 채소에 싸서 먹는 걸 귀찮아했다. 그런데 지금은 쌈 채소 3~4장에 삼겹살 작은 것 한 점 넣고 쌈장 듬뿍 발라 먹는다. 삼겹살을 먹고 싶은 것이 아니라, 쌈 채소가 먹고 싶은 거라 봐도 될 정도다.

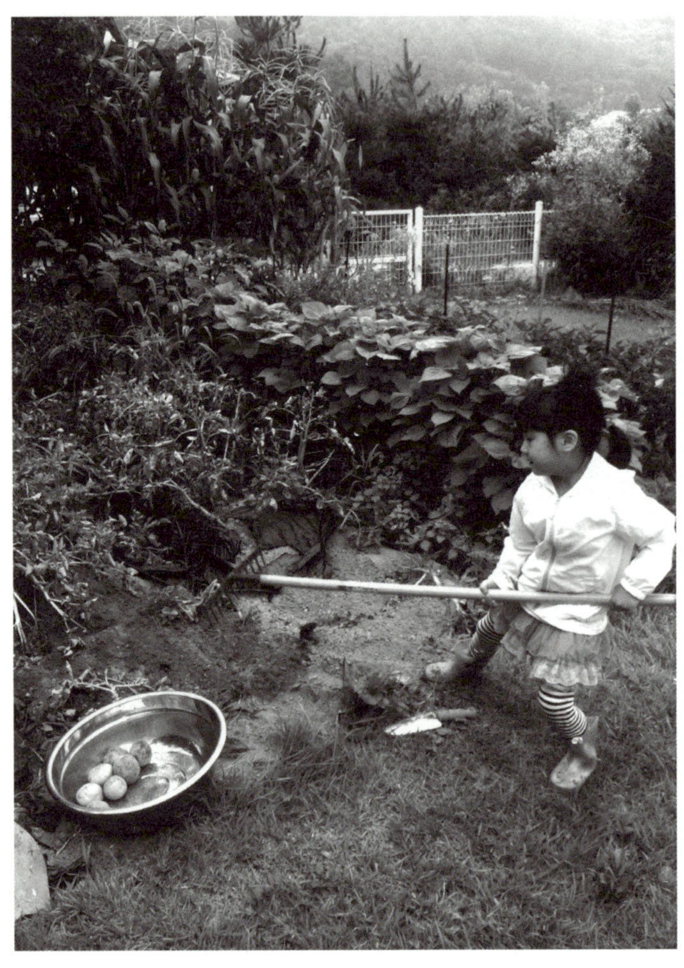

텃밭에서 감자 캐는 딸아이

 전원생활의 장점

처음 수확한 방울토마토를 먹던 순간, 입안 가득히 돌던 신선한 맛은 지금도 생생하다. 그동안 내가 먹었던 것은 방울토마토가 아니었다.

갓 딴 토마토로 주스를 만들어 마시고, 호박을 따서 된장찌개에 넣어 먹고, 더울 때는 오이를 따서 냉국을 만들고, 고추와 가지와 시금치를 따서 밑반찬을 만든다. 감자와 고구마를 캐서 모닥불에 구워 먹고, 직접 기른 무와 배추로는 김장한다. 이 모든 것이 우리 집 텃밭이 가족에게 주는 선물이다.

시골 사람들을 식재료가 필요할 때, 텃밭 마트에 다녀온다고 한다. 물론 텃밭을 가꾸는 것도 일이라면 일이다. 하지만 전문 농부의 일과 비교할 정도는 아니다. 실제 텃밭을 가꿔보면, 얼마 안 되는 땅에서 흘리는 땀과 넓은 땅을 전문적으로 가꾸는 농부의 땀이 비교 불가하다는 것을 금방 알게 된다. 그렇게 알고 나면 작은 땅에서 나는 수확물이지만 정말 소중하게 생각된다.

여튼 적당한 수고와 노동으로 건강하고 활기찬 삶을 얻을 수 있다는 것도 텃밭이 주는, 아니 전원생활이 주는 장점이다.

인성 교육의 장

마지막으로 꼭 언급하고 싶은 장점은 아이에게 좋은 교

육의 장이 된다는 사실이다.

바로 앞에서 텃밭 가꾸기의 장점을 얘기했는데, 아이가 직접 흙을 만지고 씨앗을 뿌리는 과정은 생명의 소중함과 경이로움을 체득하는 소중한 기회가 된다. 특히 자신이 정성껏 기른 채소를 직접 수확하고 맛보는 경험은 무엇과도 비교할 수 없다. 채소에 대한 거부감을 없애 편식을 자연스럽게 교정해 주고, 올바른 식습관을 잡아줄 수도 있다.

계절에 따라 변화하는 자연을 볼 수 있는 것도 아이의 정서적 안정에 도움이 된다. 아이의 신체 발달뿐만이 아니라 마음의 근육까지 키워주는 것이 전원생활이다.

지금까지 내가 생각하는 전원생활의 좋은 점을 말해 보았다. 비록 작고 소소한 것투성이고, 나의 노동력이 담보되어야 하는 것도 많지만, 일상에서 소중한 것을 느끼며 살아가는 삶 자체가 전원생활의 즐거움 아닐지 생각해 본다.

2

귀농이야? 귀촌이야?

통계로 본 전원생활

전원생활을 시작하기 전에 전원 마을이나 전원주택을 자주 보러 다녔다. 다양한 집들을 보면서 안목을 높이려고 했다. 그때 문득 '이런 곳에 사는 분들은 도대체 뭐 하는 사람들일까? 예술가인가? 어떤 이유로 여기로 왔을까?' 이런 궁금증이 일었다.

귀농, 귀촌을 결심한 사람은 과연 무엇 때문에 도시 생활을 정리하고 전원생활을 선택한 것일까? 통계 자료를 통해 팩트 체크를 한번 해보자. (*참고 자료: 농림축산식품부 통계 자료로 귀농, 귀촌한 2,507가구를 대상으로 직접 방문 조사)

귀농과 귀촌 이해

먼저, 귀농과 귀촌을 간략히 설명하면, '귀농'은 도시에서의 일을 그만두고 농작물이나 가축을 기르는 등 농촌에서 경제활동을 하기 위해 정착하는 것을 말한다. '귀촌'은 농촌에서 경제활동을 하는 것은 아니고, 도시로 출퇴근하거나 주말마다 농촌으로 내려와 5도 2촌으로(5일 도시, 2일 농촌) 생활하는 사람, 은퇴 후 여유로운 전원생활을 하는 사람을 포함한다. 그래서 범위가 좀 더 넓다. 아마 지금 이 책을 읽는 독자분들도 '귀농'보단 '귀촌'을 생각하고 있지 않을까 짐작해 본다.

먼저 이주 유형에 대한 자료부터 보자.

귀농한 경우

① 농촌 출생, 농촌에 연고 있음 (53%)

② 농촌 출생, 농촌에 연고 없음 (19.2%)

③ 도시 출생, 농촌에 연고 없음 (17.9%)

④ 도시 출생, 농촌에 연고 있음 (9.8%)

귀촌한 경우

① 농촌 출생, 농촌에 연고 있음 (37.4%)

② 도시 출생, 농촌에 연고 없음 (29.4%)

③ 농촌 출생, 농촌에 연고 없음 (18.5%)

④ 도시 출생, 농촌에 연고 있음 (14.8%)

귀농과 귀촌에 따라 살짝 다르기는 하지만, 두 가지 경우 모두 농촌 출신으로 연고가 있는 경우가 가장 큰 비중을 차지한다. 아무래도 시골에서 살아 본 경험이 있고, 믿고 기댈 수 있는 곳이 있다는 것이 이주 결정에 큰 힘이 된다.

나는 두 번째로 많은 유형에 속한다. 귀촌에 속하지만, 연고는 없이 시작했다. 최근에 전원주택으로 이주한 30대, 40대 대부분도 이 유형에 속한다. 이 말인즉슨, 농촌에서 생활한 경험이 없고 연고가 없어도 충분히 전원생활을 할 수 있다는 뜻이다.

다음으로 이주 이유에 대해서도 살펴보자.

귀농한 경우

① 자연환경이 좋아서 (26.1%)

② 농업의 비전 및 발전 가능성을 보고 (17.9%)

③ 도시 생활에 회의 (14.4%)

④ 가족, 친지와 살기 위해 (10.4%)

⑤ 건강상의 이유 (10.4%)

⑥ 실직이나 사업 실패 (5.6%)

귀촌한 경우

① 자연환경이 좋아서 (20.4%)

② 가족, 친지와 살기 위해 (16.4%)

③ 정서적 여유로운 생활 (13.8%)

④ 도시 생활의 회의 (13.6%)

⑤ 건강상의 이유 (11.9%)

⑥ 실직이나 사업 실패 (7.8%)

이주한 이유 중 가장 큰 비중을 차지하는 것은 귀농과 귀촌 모두 '자연환경이 좋아서'가 가장 많다. 하지만 그다음 순위를 보게 되면, 귀농과 귀촌의 양상이 아주 달라진다.

귀농은 농촌에서 경제 활동을 영위하기 위해 정착한 것인 만큼, 농업의 비전이나 발전 가능성 등을 중요하게 생각해 이주를 결정했지만, 귀촌은 가족의 정서적인 안정이나 여유를 더 중요한 기준으로 보았다.

실제로 암에 걸려서 공기 좋은 시골로 이사 갔다거나, 아이가 아토피가 심해서 시골로 이사했다는 경우도 종종 들어봤을 텐데, 이 모두 귀농과 귀촌의 중요한 요인이 된다.

집 근처 테니스 클럽에서 처음 만난 형님은 암에 걸려, 가족은 도시에서 살고 혼자서 시골로 들어왔다고 했다. 처음에는 걷기도 힘들고 뛰는 건 상상도 못 했는데, 시골 생활 후 많이 좋아졌다고 했다. 나보다 15살이나 많지만, 지금은 테니스 코트에서 날아다닌다.

아이의 아토피 때문에 시골로 온 건너, 건너의 집도 지금은 많이 호전되어 더 이상 몸을 긁지 않는다고 했다. 이런 모습을 보면 확실히 시골 생활이 건강에 도움을 주는 듯하다.

그 외에 실직이나 사업 실패로 어쩔 수 없이 이주한 경우도 있겠지만, 그렇게 많지는 않다. 그보다는 대부분 자연에서 생활하고 싶은 자발적인 의지로 이주하는 경우가 더 많다.

다음으로 이주 만족도를 살펴보자.

귀농한 경우

① 만족 (60.5%)

② 보통 (32.5%)

③ 불만족 (7%)

귀촌한 경우

① 만족 (63.8%)

② 보통 (33%)

③ 불만족 (3.2%)

　귀농, 귀촌 모두 100가구 중 약 60가구는 만족하면서 살고 있다. 그리고 보통 정도로 응답한 가구도 30가구 정도는 된다. 불만족도 일부 있긴 하지만, 10가구 미만으로 그리 높지는 않다. 재미있는 것은 귀농 가구가 귀촌 가구보다 두 배 이상 불만이 높다는 것이다. 불만족으로 응답한 가구의 주요 이유는 다음과 같다.

귀농한 경우

① 귀농 자금 부족 (30%)

② 영농 기술 및 경험 부족 (23.7%)

③ 기타 (46.3%)

귀촌한 경우

① 경험 부족 (53%)

② 귀촌 자금 부족 (29%)

③ 기타 (18%)

　귀농은 경제 활동을 위해 정착했는데, 막상 생활해 보니 수입이 원하는 만큼 나지 않을 때 불만족이 가장 크다. 귀촌은 경험 부족이 가장 큰 이유를 차지한다. 귀촌의 경우 한마디로 전원생활에 적응하지 못하고 있음을 뜻한다고 해

 통계로 본 전원생활

석할 수 있다.

그러면 적응하지 못하고 실패하는 이유는 뭘까? 무작정 자연환경만 보고서 이곳에서 살면 좋을 거라고 생각하고, 별다른 준비 없이 시작했을 가능성이 가장 크다.

그럼 이어서, 전원생활로의 이주 준비 기간은 어느 정도가 적절한지, 남들은 어떻게 준비했는지 살펴보자. 이는 귀농 귀촌으로 나누지 않고, 합쳐서 자료가 나와 있다.

① 1년~3년 미만 (53.4%)

② 1년 미만 (19.1%)

③ 3년~5년 미만 (15.3%)

④ 5년 이상 (12.2%)

준비 기간은 개개인의 차이는 있겠지만, 평균으로 보면 약 27.5개월(약 2년 이상)로 나온다. 적지 않은 준비 기간이 필요함을 알 수 있다. 이 부분에서는 나 역시 조사된 결과와 마찬가지로 긴 시간 동안 단단히 준비하는 것이 좋다고 생각한다.

전원생활을 고려하면서 가장 먼저 고민해야 할 게, 우리 가족에게 적합한 지역이 어디인지부터다. 도시로 출퇴근 한다면 교통편도 살펴봐야 한다. 또 생필품 등을 멀지 않은 곳에서 쉽게 구할 수 있는지, 병원은 가까운 곳에 있는지 생활 인프라도 확인해야 한다. 아이가 있다면 통학이 수월한 학교가 근방에 있는지도 체크해야 한다.

이주지 결정에 있어서 어떤 조건이 가장 크게 작용했는지 살펴보자.

귀농한 경우

① 부모, 친척 연고지 (43.8%)

② 살던 곳 근처 (17.8%)

③ 자연환경 우수 (8.4%)

귀촌한 경우

① 부모, 친척 연고지 (32.8%)

② 자연환경 우수 (14.6%)

③ 살던 곳 근처 (12.2%)

이주지 결정의 최우선 순위는 아는 사람이 있는지 여부다. 안 해보는 생활에 대한 두려움 같은 게 있는데, 아는 사람이 있으면 이런 부분이 상당히 해소될 수 있고, 적응에도 큰 도움을 받는다. 위급할 때 도와줄 수 있는 부모나 친인척이 가까이 산다면, 전원생활 적응이 한결 수월할 수밖에 없다.

귀촌의 경우, 좋은 뷰를 가진 자연환경이 이주 결정에 크게 차지할 것 같지만, 생각보다 크지는 않다. 경치 좋고, 물 맑고 공기 좋은 곳을 싫어할 사람은 없지만, 전원생활은 말 그대로 시골에서 살면서 생활이 되어야 하므로, 실제 이주 결정에서는 그다지 중요 요인이 되지는 못한다. 어쩌다 한 번 가는 펜션과는 다를 수밖에 없다.

몸이 불편한 사람이라면 병원이 가까워야 하고, 차가 없는 사람이라면 대중교통이 잘 되어 있는 곳을 선택해야 한다. 시골의 대중교통은 서울에 비하면 말도 못 하게 불편하다. 버스가 한 시간에 한 대 다니는 곳도 있고, 그마저도 오후 다섯 시가 막차인 경우도 많다. 그래서 가족 중 운전을 못 하는 사람이 있다면, 대중교통이 조금이라도 편한 곳을 선택해야 한다. 요즘은 지하철역에서 걸어갈 수 있는 거리에 있는 전원주택 단지도 있다. 물론 이런 곳은 땅이나 집값이 비싸다.

이렇듯 각자의 라이프 스타일이 다르므로 우선시되는 항목도 같을 수가 없다. 자연환경이 아무리 좋다고 하더라도 생활하기에 불편한 곳이라면 전원생활에 적응하지 못하고 실패할 확률이 높다.

결론적으로 얘기해 보면, 귀농은 농업 기반과 연고가 중요한 생계형 이주가 주를 이루고, 귀촌은 도시 생활의 대안으로 삶의 질을 추구하는 생활형 이주가 많다.

귀농, 귀촌 두 가지 유형 모두 자연환경과 가족 중심의 삶에 대한 영위가 강력한 이주 동기로 작용하며, 실제 이런 부분이 만족되어야, 향후 오래 거주하며 전원생활을 이어갈 수 있다. 그러려면 충분한 준비 기간을 갖고서 연고지를 선택하는 것이 무엇보다 중요하다.

여러분은 어떤 동기가 있으며 어떤 공간, 어느 지역을 꿈꾸고 있는가? 다른 사람과는 어떻게 다르고 같은가?

충분한 검토와 준비만이 후회 없는 전원생활을 가능하게 한다는 것을 꼭 기억하자.

3

이렇게 좋답니다

전원생활의 장점2

자연환경이 인간 생활에 미치는 영향을 절대적이라고 보는 입장이 환경 결정론이다. 그 논리에 나도 영향받는 것인지 도시에서 살 때와 다르게 전원주택으로 이사 온 후 내 삶은 조금씩 변화를 겪었다.

이어지는 얘기는 전원생활을 하면서 달라진 점으로 장점 위주로 기술했다. 단점은 뒤에서 따로 다룰 예정이다.

펜션보다 리조트

도시에 있을 때는 휴가를 맞아 펜션을 참 많이도 갔다. 펜션에서 느꼈던 여유로움과 평온함이 좋았다. 그런 좋은 감정이 지금의 전원생활을 하게 된 여러 이유 중 하나일지도 모른다. 그리고 이제 전원주택에 살게 되면서부터는 펜션에서 느꼈던 여유로움과 평온함을 매일 느낀다. 그래서 요즘은 잘 가지도 않고, 가더라도 예전만큼의 감흥이 일어나지 않는다.

한 번은 회사에서 제주도로 워크숍을 간 적이 있다. 숙소는 바닷가 앞에 있는 독채 펜션이었다. 머릿속으로 한번쯤 그려보는 누구나 가고 싶어 하는 근사한 숙소였다. 직원들 대부분이 아파트에서 생활하다 보니, 독채 펜션에 대한 설렘과 기대감은 대단했다.

공항에서 50분을 차로 달려 숙소에 도착하자, 직원들은 독채 펜션이 신기한 듯 집 안 구석구석 구경하기에 바빴고, 특히 마당으로 나왔을 때 여직원들은 소리까지 지르며 좋아했다. 그러나 내 눈에는 관리가 잘되지 않아서 잡초가 자란 부분, 습해서 이끼가 긴 바닥이 먼저 눈에 들어왔다.

'창호는 2중창일까? 3중창일까?' '창호 브랜드는 무엇일까?' '단열은 잘 될까?' '이 집 난방비는 얼마나 나올까?' '상수도인가? 아니면 지하수인가?'

들뜬 감정을 감추지 못하는 다른 직원들과 다르게 나는 그냥 무덤덤했고 오히려 생활형 질문만 떠올랐다. 제주도라는 여행지가 주는 특별함 외에 집 자체가 주는 매력은 없었다.

　전원생활의 장점

그래서 지금은 가족과 휴가를 가면 펜션보다는 리조트를 더 선호한다. 리조트의 깔끔하게 정리된 모습이나 투박하지 않은 세련된 느낌이 더 좋다. 평소에 담배 한 갑을 사더라도 차를 타고 나가야 하는 전원생활에 비춰보면, 지하에 편의점과 식당 등 다양한 편의시설이 있으니 얼마나 편하고 좋은가. 차로 이동하지 않아도 되고, 리조트 안에서 다 해결된다. 전원주택에서 누릴 수 없는 편리함이 리조트의 매력으로 느껴진다.

평소에 익숙하지 않은 환경을 접하고, 새로운 것들을 보고 또 경험했을 때의 설렘 같은 것과도 비슷하다. 자고로 휴가는 그런 설렘이 동반되어야 한다. 그래서 우리 가족은 전원주택과 비슷한 펜션보다는 리조트를 더 선호한다.

이렇게만 본다면, 전원생활이 안 좋다고 말하는 것으로 오해할 수 있는데 그런 것은 아니다. 아파트 생활이 일상이면 자연을 동경하게 되고, 자연 생활이 일상이면 문명이 신선하게 다가온다는 뜻이다. 만약 다시 도시로 나가 생활한다면 지금과 반대로 리조트보다는 펜션을 더 선호하게 될지도 모른다.

캠핑은 인제 그만!

전원생활을 하기 전에는 캠핑도 정말 많이 다녔다. 지금은 캠핑 인구도 어마어마하게 늘었고 캠핑장도 많아졌다. 관련 시설도 좋아져서, 이제는 특별한 경험이라고 말하기도 어렵다.

내가 처음 캠핑을 시작했던 것은 15년 전이다. 캠핑하기에는 지금 보다 좋을 게 하나도 없었다. 그래도 봄, 여름, 가을은 물론이고 겨울에는 난로까지 챙겨가며 캠핑을 즐겼다. 우리 딸은 아빠 덕분에 본인 의지와 상관없이 3살 때부터 동계 캠퍼(겨울에도 야외에서 캠핑을 즐기는)가 되었다. 차를 타고 떠나는 오토캠핑, 배낭 메고 혼자 고독을 즐기는 백패킹, 이색 숙소인 카라반까지 구분 없이 즐겼다.

캠핑을 하면 자연과 하나 된 느낌 그리고 고즈넉함이 좋았다. 적막함 속에서 "쿠~"하는 가스 랜턴이 작동하는 소리, 모닥불 장작이 타며 내는 "타닥타닥" 소리, 이런 소리가 도시의 삶에 찌든 나에게 큰 위로였다. 그리고 아침에 일어나 따뜻하게 내려 마시는 커피 한 잔, 그러면서 서서히 주변 풍광을 하나씩 눈에 새기는 여유로움, 그것이 곧 행복이었다.

한번은 가평의 연인산 캠핑장을 예약한 적이 있다. 출발하는 당일에 대설 경보가 내렸다. 출발 전 이미 많은 눈이 내려 도로 상황이 좋지 않았다. 그럼에도 바퀴에 스노체인을 장착하고 캠핑장을 향했다. 너무 많은 눈이 내려, 체인을

　　　전원생활의 장점

장착했음에도 심장이 철렁거릴 만큼, 바퀴가 미끄러지는 일이 몇 번이나 있었다.

지금 생각해 보면 참 무모했다. 가지 말았어야 했다. 평소보다 두 배 넘는 시간을 운전해서 꾸역꾸역 캠핑장에 도착했다. 캠핑장에 쌓여 있는 눈을 보고 놀라고 있는데, 나를 발견한 관리인이 더 눈이 동그래지며 놀라고 있었다. 폭설로 모든 사람이 다 예약을 취소했는데, 독불장군처럼 나만 취소를 안 한 것이었다.

텐트 칠 위치에 두툼하게 쌓인 눈을 넉가래와 눈삽으로 치우고 힘들게 텐트를 치니 저녁이 됐다. 바람도 대단해 텐트의 폴대가 좌우로 엿가락처럼 휘어질 정도였다. 로프를 이용해 폴대 보강 작업도 해줬지만, 한없이 내리는 눈과 바람이 심상치 않았다. 결국 버티지 못하고 안전을 위해 실내 공용 개수대 공간으로 텐트를 옮겨 하룻밤을 보냈다. 자연을 즐기러 갔다가 자연에 호되게 당한 사건이었다.

이렇게나 캠핑을 좋아했던 나인데, 전원주택으로 이사 온 후부터는 캠핑을 다니지 않게 됐다. 예상했겠지만 집에 있어도 충분히 캠핑장에서의 감성을 느낄 수 있어서다. 그래도 가끔 캠핑 감성을 진하게 느끼고 싶을 때는 집 마당에 텐트를 친다. 거기다 모닥불도 피운다. 홈 캠핑이다. 가끔은 지인들이 캠핑장 예약에 실패해 우리 집으로 텐트를 들고

마당에 마련한 우리 가족만의 캠핑장

오는 경우도 있다.

바닷가 앞이나 오지 캠핑장이라면 모를까 그 외에는 더 이상 나에게 매력적이지 않다. 캠핑의 끝은 캠핑카(혹은 캠핑 트레일러)라고 말하는데, 내 생각에 캠핑의 끝은 전원주택이다.

하우스 파티를 즐기다!

아파트 살 때는 집들이 할 때 빼고는 친구를 집으로 부를 일이 거의 없었다. 특별한 날이 아니고서는 집에서 친구와 술 한잔한다는 것이 민폐라는 것을 결혼한 사람이라면 다들 안다. 그러다 보니 더더욱 서로의 집을 방문하는 일

　　　　　　　　　　　　전원생활의 장점

은 드물다. 그런데 전원주택으로 이사 온 후부터는 친구들이 놀러 오기 시작했다. 아파트와 달리 집 안으로 들어가지 않고서도, 마당에서 충분히 같이 음식을 먹고 즐길 수 있기 때문이다. 그리고 무엇보다 직접 눈으로 전원생활 하는 모습을 보고 싶었을 것이다.

초기에는 정말 다양한 친구들이 놀러 왔다. 금요일에 놀러 와서 하룻밤 자고, 토요일 오전에 집으로 출발하는 팀, 토요일 오후에 와서는 일요일에 출발하는 팀, 이렇게 일주일에 두 팀씩 놀러 오는 날도 잦았다. 친구들과 저녁에 바비큐에 술 한 잔까지 기울이기 시작하면, 영락없이 학창 시절이 떠오른다. 같이 밤을 따기도 하고, 친구들이 많이 올 땐 족구도 한다. 술 한 잔 마시고 1박 2일로 자고 가는 친구도 많았다. 친구들 입장에서는 펜션이나 다름없다. 펜션 주인이 친구이니 얼마나 편할 것이냐, 게다가 가격도 공짜 아닌가.

한 번은 친구들이 아내와 아이들까지 대동해서 약 20명 넘게 우리 집에 와서 놀다 간 적이 있다. 그러면 마당에는 성대한 하우스 파티가 열린다. 아빠들은 고기 굽고 엄마들은 음식 준비나 테이블 셋팅을 하고, 아이들은 마당에서 깔깔거리며 신나게 뛰어다닌다. 특별한 장난감이나 놀잇감도 필요 없다. 그냥 같이 뛰어놀 수 있는 것만으로도 아이들은

마당에서 즐기는 식사

즐겁다. 모닥불 피워서 아이들에게 감자와 고구마를 구워 주고, 피날레로 마시멜로를 쥐어 주면, 최고의 삼촌이 된다.

외국 영화에서나 봤던 아름답고 평화로운 장면이 우리 가족에게는 흔하디흔한 일상이다. 너무 자주라 힘든 게 문제라면 문제!

이웃과 함께하는 삶!

아파트 살 때는 옆집에 누가 사는지 알지도 못했고, 굳이 알 필요도 없다고 생각했다. 층간 소음이나 측간 소음으로 서로 얼굴을 붉히지 않고 사는 것만으로도 충분하고, 다행이었다. 그런데 전원주택으로 이사 오고 나서부터는 앞집, 옆집, 뒷집 등 이웃과 교류하는 일이 많아졌다.

TV 드라마 《응답하라 1988》을 보면서 어린 시절을 회상하는 분이 많았다. 그때는 '이웃사촌'이란 단어가 어색하지 않았다. 그런데 도시 생활을 하면서 잠시 잊었던, 아니 사라졌다고 생각했던 이웃 간 정겨움을 전원주택으로 이사 오면서 다시 느끼고 있다.

이웃 간에 음식을 나눠 먹는 것은 물론이고, 서로 힘쓸 일도 나눈다. 여행 가는 동안에는 옆집 동생이 우리 집에 와서 개들 밥과 물을 챙겨준다. 전원주택에 살면 직접 데크를 만들거나 창고를 만들기도 하고, 페인트 칠하는 등의 관리가 필요한데, 일손이 필요할 때는 서로 품앗이하듯 도와주기도 한다.

한 번은 옆집, 한 번은 앞집, 한 번은 우리 집에서 술도 같이 한다. 바비큐 파티를 열어 한 상 거하게 차리기도 하고, '냉장고 털기'라고 해서 각자 집에 남아 있는 음식을 조금씩 가져와 소소하게 차려 한 잔 기울이기도 한다. 아이들은 또래 친구들을 사귀며 여기저기 동네를 뛰어다니면서, 같이 자전거나 인라인 등을 타며 놀고, 집마다 옮겨 다니며 파자마 파티도 한다.

사라졌다고 생각했던 이웃사촌이 이곳에는 아직 이렇게 존재한다. 사람들 마음이 각박해진 게 아니라 환경이 우리를 그렇게 만든 것뿐이다.

일찍 자고 일찍 일어난다

도시에 살 때는 보통 새벽 한두 시가 되어야 잠자리에 들었다. 늦게 자다 보니, 아침에 출근하려면 피곤할 수밖에 없었다. 그런데 전원생활을 하고서부터는 잠자는 패턴에도 변화가 생겼다.

시골은 해가 지면, 주변 불빛이 없어서 정말 많이 어둡고 조용하다. 저녁 8시~9시 정도만 되어도 체감상 도시에서 살 때의 11시~12시 정도의 느낌이 든다. 그래서 친구들이

　　　　　　　전원생활의 장점

놀러 왔다가, 저녁 8시만 되어도 너무 늦은 것 같다며, 서둘러 자리에서 일어난다. 그렇게 해서 집으로 돌아가면, 대략 9시~10시. 도시는 여전히 불야성이라 마치 시간을 거꾸로 거슬러 올라간 것 같다고 말한다.

그런 주변 환경 때문인지 특별한 일이 없으면 저녁 10시, 늦어도 11시에는 잠자리에 든다. 일찍 자면, 그만큼 일찍 일어난다. 그래서 전원생활을 하고서부터는 별도의 기상 알람을 맞춰 놓지 않고서도 거뜬히 아침을 맞는다.

요즘은 보통 새벽 5시 정도에 눈을 뜬다. 아침에 운동도 하고, 텃밭에 물도 주고, 여유롭게 커피도 한 잔 마신다. 도시에서 살 때처럼 허겁지겁 출근을 준비하는 일은 더 이상 없다.

주말 나들이는 인제 그만!

도시에서는 주말만 되면 어디든 가야 한다는 강박관념이 있었다. 여행이나 박람회, 전시회 등 참 많이도 돌아다녔다. 지금 생각해 보면 한 주 동안 열심히 일한 것에 대한 보상 심리일 수도 있고, 집에만 있다 보면 답답한 느낌이 들어서 그랬던 것 같기도 하다.

그런데 전원생활을 시작한 후부터는 주말에 거의 나들이를 하지 않게 되었다. 대신 이것저것 만들고 움직이는 것을 좋아하는 성격이라 취미로 목공을 독학하고, 필요한 가구나 소품을 만들며 시간을 보낸다. 개하고 놀아주는 일도 정원도 가꾸는 일도 주말에 한다. 텃밭 일도 마찬가지다. 밖에 나가지 않고 집에만 있어도 심심할 틈이 없다. 이런 일이 이제는 큰 재미로 다가온다. 그러다 보니 더 이상 나들이가 필요 없어졌다.

지금까지 전원생활을 하고 나서 달라진 생활을 얘기해보았다. 나에게는 다 긍정적이고 좋은 것들이라 이렇게 옮겨보았지만, 누군가에는 불편한 일이나 귀찮은 일이 될 수도 있다. 하지만 전원생활을 하면서 얻게 되는 장점은 이것 외에도 너무 많다. 그래서 내가 생각하지 못했던 즐거움을 독자 여러분은 더 많이 찾았으면 한다.

다음 글에서는 전원생활을 망설이게 되거나, 아니면 시작했지만 다시금 도시로 돌아오게 되는 경우를 한번 살펴보려고 한다. 무엇이 문제였는지 말이다.

4

미리 알면 실패가 없다

전원생활의 단점1

로망으로 생각했던 전원생활인데 막상 살아보니 적응이 안 된다. 이유가 뭘까? 그런데 이런 사람이 의외로 많다. 포기하게 되는 원인을 찾아보고, 미리 대비책을 세워 둔다면, 전원생활에 실패할 확률은 좀 더 낮아지지 않을까?

부족한 의료시설

부족한 의료시설 때문에 전원생활을 그만두는 사람이 있다. 앞에서 언급한 것처럼, 암에 걸리거나 아토피가 있어 시골에 왔다가 건강을 되찾았다고 말하는 경우도 있지만, 자주 병원에 다녀야 하는데 시골에서 왔다 갔다 하기가 힘들다고 말하다, 결국 도시로 유턴하는 경우도 많다.

이전에 살던 전원주택 주변에도 마땅한 소아청소년과가 없어서 아이가 아프면, 일부러 도시까지 나가서 병원에 다녀왔다. 특히 어른들은 연세로 여기저기 아픈 곳이 많아지는데, 그런 이유로 '나이 먹으면 병원 가까운 곳에서 사는 게 최고다'라고 한다. 그래서 은퇴 후 전원생활을 잘하고 있더라도 나이를 더 먹고 거동이 불편할 정도가 되면, 다시 자식들이 있는 도시로 돌아가는 어르신도 많다.

그렇지만, 요즘은 대학 병원을 5분 안에 갈 수 있는 전원주택 단지도 있고, 도시와 인접하거나 도시와 지방을 잇는 전철 라인 근처의 전원주택도 있다. 이런 곳이라면, 아무래도 병원 다니는 것이 훨씬 수월하다. 전원생활을 꼭《나는 자연인이다》에 나오는 것처럼 오지의 산속에서 해야 하는 건 아니니, 예산만 맞다면 도시 생활만큼의 편의성을 누리면서도 할 수 있다.

곤충, 벌레, 야생동물

아무래도 시골이니 벌레나 곤충을 많이 만난다. 그리고 좀 더 큰 생물인 멧돼지, 뱀, 고라니도 종종 보게 된다. 전원생활을 하면서 자연스럽게 이런 것에 적응하는 분도 있지만, 반대로 적응하지 못하고 포기하는 분도 있다. 멧돼지는 요즘 도시에도 출몰하니까 제외하기로 하고 고라니 얘기를

　　　　　　　　　　　　전원생활의 단점

한번 해보자.

처음 고라니 울음소리를 들었을 때 소름이 싹 돋았다. 무슨 술 취한 남자가 탄식하며 소리치는 줄 알았다. "악~~~" 하고 소리치는 것처럼도 들리고, "왜~~~" 하고 소리 지르는 것처럼도 들렸다. 생김새는 노루하고 비슷해 세상 순하고 귀엽게 생겼는데, 내는 소리만큼은 귀여움과 완전히 멀다. 반전 매력을 갖고 있는 셈이다.

일 년에 한두 번 보는 뱀은 전원살이 10년 이상인데도 여전히 적응이 힘들다. 독이 있는 뱀과 그렇지 않은 뱀이 있는데, 독뱀은 머리 모양이나 색상, 눈의 위치 등으로 구분할 수 있다고 하는데, 가끔 뱀을 보는 내 눈으로는 구별이 어렵다. 아니, 내 눈에는 그냥 다 독사로 보인다.

한번은 잔디 마당으로 뱀 두 마리가 들어온 적이 있었다. 역시나 내 눈에는 독사로 보였다. 화들짝 놀라서 119에 신고했더니 소방관분들이 오셔서 처리해 줬다. (뱀뿐만 아니라 말벌 집도 신고하면 떼어준다. 세상에 이렇게 고마울 데가!)

벌레나 곤충을 집 밖에서 만나는 거야 어쩔 수 없지만, 집 안에서 만나면 더 징그럽고 보기 싫다. 보통은 환기를 위해 창문이나 문을 여닫을 때, 벌레가 많이 들어온다. 그런데 만약 이런 게 신경 쓰인다면, 전열교환기를 설치해 환기를 기계적으로 자동으로 하는 방법도 있다. 전열교환기는 실내에 오염된 공기는 외부로 보내고, 외부에서 필터를 거친 신선한 공기를 실내로 유입시키는 장치이다. 즉 환기를 위해 따로 창문이나 문을 열 필요가 없다는 뜻이다.

또 벌레 퇴치제나 뱀 퇴치제 같은 제품을 사용해도 된다. 그리고 하수구로 벌레가 들어오지 못하도록 하는 제품도 있다. 이런 방법을 적절히 사용하면, 벌레로 스트레스 받는 부분은 꽤 많이 사라진다.

벌레에 대해서는 전원생활을 오래 한 분들도 스트레스를 많이 받는 만큼(특히 여성분들이라면 더더욱), 뒤에서 별도의 글로 자세히 다루겠다.

냉난방

시골살이는 덥고 추울 것으로 생각하는 사람이 많다. 그런데 그런 경우는 대부분 오래전에 지은 전원주택에만 해당한다. 단열재도 지금보다 좋지 않았고, 시공 방법이나 시공 기술도 지금보다 좋지 못했던 시절에 지어진 집 말이다.

이런 집에서 따뜻하게 지낸다고 자칫 난방을 좀 '쎄게'(?) 돌리면, 월 100만 원 이상 난방비가 나오기도 한다. 그렇다고 그 집이 엄청 따뜻한 것도 아닌데 말이다.

내가 처음 전원생활을 시작하며, 전세로 살았던 집이 그랬다. 기름보일러였는데 아무리 보일러를 돌려도 집이 따뜻하지가 않았다. 아니, 추웠다. 그런데도 기름값은 월 60만 원 이상이 나왔다. 아이도 있고 안 되겠다 싶어, 캠핑 다닐 때 사용하던 난로를 거실에 켜 놓고 살았다.

그만큼 구축이냐 신축이냐에 따라 냉난방의 차이는 크다. 그래서 전원주택을 매매하거나, 혹은 전세로 살거나 하더라도 아주 오래된 전원주택은 피하는 것이 좋다.

요즘은 단열재도 좋아졌고 시공 방법도 좋아져서 부실 시공만 하지 않는다면 덥거나 춥지는 않다. 아파트와 비교해도 큰 차이가 나지 않는다(진짜다!). 나는 지금 살고 있는 전원주택이 이사 오기 전에 살았던 아파트보다 더 시원하고, 더 따뜻하다고 느낀다.

보안, 방범

보안과 방범 때문에 불안감을 느껴 전원생활을 그만두는 분도 있다. 처음 전원주택 전세 물건을 보러 갔을 때 1층 창문에 방범창이 없는 것을 보고 의아해했다. 아파트는 경우에 따라 1층뿐만이 아니라 2층, 3층까지 방범창이나 보안 시설이 설치된 경우가 있는데, 전원주택은 사방이 뻥 뚫려 있다.

5도 2촌 하는 이웃 부부가 있었는데, 나와 같은 생각이었는지 처음에는 보안 때문에 방범창을 했다고 한다. 그러다 얼마 가지 않아 다시 떼어냈다는 얘기를 해준 적 있다.

여느 때와 같이 창밖을 보니 푸르르고 멋진 풍경이 펼쳐져 있는데, 평소에는 신경 쓰이지 않던 방범창 창살이 눈에 들어왔다고 했다. '내가 스스로 감옥을 만들어서 살고 있었네! 멋진 풍경을 다 가리고 있구나.' 이런 생각이 들어 그 즉시 바로 떼어 냈다고 했다.

요즘은 전원주택 대부분이 방범창 설치를 따로 하지 않는다. 내가 지금 살고 있는 집도 마찬가지다. 만약 보안과 방범이 걱정이라면, 마당에 개를 키우면 된다. 시골집에 개를 한 마리씩 키우는 이유가 다 이 때문이다.

그것도 아니라면 CCTV를 설치하는 것도 좋다. 보안 업체에 매월 사용료를 지불하는 CCTV 말고도 요즘은 셀프로 설치할 수 있는 CCTV도 많이 나와 있다. 셀프로 CCTV를 운영하게 되면, 별도의 월 사용료를 낼 필요가 없으니 저렴하다. 설치도 간단한 편이고, 복잡한 랜선 작업 없이 Wi-Fi로 연결해서 상시 모니터링을 할 수도 있다. 외부에서 스마트폰으로 보는 것도 가능하다. 우리 집에는 이런 CCTV를 주차장과 정원, 그리고 사고뭉치 반려견 두 마리 감시용으로 설치해 두었다.

유지보수

집과 집 주위의 유지 보수 관리의 어려움과 귀찮음 때문에 전원생활을 포기하는 경우가 어쩌면 제일 많을지도 모르겠다. 정원 관리, 낙엽 청소, 제설, 잡초 제거, 집 내외 보수, 텃밭 관리 등 아파트에 비하면 당연히 손이 많이 가고 귀찮은 일이다.

유튜브 채널 구독자로부터 "여자 혼자 전원생활을 하려고 하는데 괜찮나요?"라는 질문을 받은 적이 있다. 물론 가능하고, 실제 우리 동네에도 혼자 사는 여성분이 있다고 답해드렸다. 보안이나 방범 때문에 문의를 준 것 같았는데, 덧붙여 관리 부분에서 손이 많이 가는 점도 미리 체크해 보라고 답변드렸다.

사실, 남성인지 여성인지 보다, 여러 가지 소소한 일을 내가 부지런히 잘 챙기고 해결할 수 있는지가 더 중요하다. 그리고 그런 일을 귀찮아하지 않고 즐길 수 있어야 한다. 그 점에서 여성이라고 더 불리하다고 말하긴 어렵지만, 아무래도 힘을 써야 하는 일이 많다 보니, 혼자 생활한다면 집 관리 여부를 전원생활 선택의 우선순위로 두는 것이 맞다.

펜션에 놀러 갔을 때의 좋은 기억만으로 전원생활을 꿈꾼다면 큰 오산이다. 주변 환경이 비슷할 수는 있어도, 며칠 머무는 것과 그곳에서 생활하는 것은 아예 다른 얘기다. 아파트에서 내던 관리비가 없는 만큼 내 몸을 써야 한다. 몸이 편한 걸로만 따지면 당연히 아파트가 최고다.

집 관리가 귀찮고 힘들지만, 그래도 전원생활을 꼭 하고 싶다면 어떻게 해야 할까? 방법은 간단하다. 관리 요소를 최대한 줄이는 것이다. 예를 들어, 잔디밭 면적을 최소화하거나 아예 만들지 않는 것을 생각해 볼 수 있다. 그러면 잔디밭 사이로 난 잡초 뽑는 일을 안 해도 된다. 잡초가 자라지 못하도록 마당에 판석을 까는 것도 방법이다. 이런 식의 조치를 한다면, 한결 손이 덜 가면서도 전원생활을 할 수 있다.

외로움, 고독

외로움과 고독감 때문에 전원생활을 그만두는 분도 있다. 도시 살 때는 사람들로부터 치이는 것이 그렇게 싫었는데, 시골에 왔더니 너무 적막하고 외롭다. 심하면 우울증까지도 온다. 가족이 같이 이주해서 전원생활을 하는 경우에는 상대적으로 덜한데, 혼자라면 더 외로움을 타게 된다.

처음에는 혼자 너무 동떨어진 곳보단 어느 정도 마을이 형성된 곳에서(주변 이웃이 있고, 이웃 간 커뮤니티가 발달 된) 시작하는 것이 좋다. 이웃과 교류하다 보면 외로움과 고독감은 많이 줄어든다.

그리고 운동이나 악기, 요리 등 지역 내 동호회 활동도 추천한다(요즘에는 시골 지역에도 지자체에서 이런 것을 복지 차원에서 잘 준비하고 운영한다). 나는 테니스 동호회에 가입해 활동하고 있는데, 몸이 건강해지는 것도 있고, 이웃과 함께 하면서 마음 건강도 얻을 수 있었다.

그리고 또 중요한 것이 있는데, 동호회에서는 해당 지역에서 오랫동안 살아온 토박이들을 만날 수 있다는 것이다. 이들은 시골 생활의 전문성(?)을 갖고 있다. 시골 생활 초보는 감히 상상도 할 수 없는 것을 할 수 있다. 예를 들어, 트랙터를 가져와 텃밭을 갈아엎어 주는 것 등이다. 친분을 쌓아두면 여러모로 귀한 도움을 얻을 수 있다.

자녀 교육

자녀 교육 문제는 전원생활의 가장 큰 걸림돌이기도 한다. 여기에서 말하는 교육은 주로는 입시 공부다. 아이가 도시 학교생활을 적응 못 해 일부러 대안 학교나 혁신 학교를 찾아 시골로 이주하는 경우도 있지만, 입시를 준비해야 할 때가 오면 다시 도시로 주거지를 옮기는 케이스가 많다. 우리 딸이 초등학교 5학년 때, 같은 반이었던 친구들 중 몇 명은 교육의 이유로 도시로 전학을 갔다.

우리 부부는 아이에게 학업을 강요하지 않는 편이다. 과거와 달리 공부만이 성공을 보장하는 시대는 아니라고 생각하고, 아이가 학업 스트레스 없이 자랄 수 있는 환경을 만들어 주는 것이 우선이라 생각한다.

하지만 모두가 우리 부부처럼 생각하는 것은 아니다. 내 지인도 아이들이 초등학교 다닐 때까진 남해 바닷가 마을에서 살다가 중학교 들어갈 시점에 다시 서울로 올라왔다. 이처럼 교육 부분은 아이와 부모의 가치관이기 때문에 따로 정답이 없다.

그런데 도시만큼이나, 교육 환경이 좋은 동네도 있다. 내가 살고 있는 양평의 경우 '양서고등학교'란 곳이 있는데, 공부 잘하는 아이들이 모이는 경기도 일반계 고등학교 중에서는 탑 클래스에 드는 학교다. 오히려 서울에서 이 학교로 아이를 진학시키고자 하기도 한다.

이런 곳이라면 교육의 문제가 전원생활에 걸림돌이 될 것 같지는 않다. 하지만 교육이란 어쨌든 '교육관'이라는 게 중요한 만큼, 입시를 쫓고 안 쫓고, 무엇이 낫다 못하다 말하기는 매우 어렵다. 결국 스스로 결정해야 하는 일이다.

생활 인프라

의료나 학교와도 좀 비슷할 수 있는데, 생활 인프라의 부족 때문에 전원생활을 그만두는 경우도 있다.

　만약 대형마트, 헬스클럽, 편의점, 극장 같은 시설을 중요하게 생각한다면, 생활 인프라가 잘 갖춰진 전원 지역을 선택해야 한다(주로 도시와 인접한 지역이다). 물론 도시보다는 못하겠지만 생활 인프라가 부족한 지역과 비교하면 하늘과 땅 같은 차이다.

　내가 이전에 살던 곳은 마트는 말할 것도 없고, 구멍가게에 가려고 해도 차를 타고 나서야만 했다. 하지만 지금 살고 있는 집은 걸어서도 편의점에 갈 수 있다. 지금 사는 곳이 더 좋다고 말하는 것은 아니다. 지역마다 장단점이 있는 만큼, 우리 가족에게 맞는 지역을 찾고 선택하는 것이 중요하다는 것이다.

　전원생활은 그저 '저 푸른 초원 위에 그림 같은 집을 짓고' 사는 낭만이 아니다. 생활의 총체적인 변화다. 성공적인 전원생활을 꿈꾼다면, 로망보다 현실을 먼저 점검하고, 여러 가지 요소를 고려해서 준비하는 것이 실패를 줄이는 방법이다. 어느 지역을 선택할 것인지, 도시와의 거리는 어느 정도를 둘 것인지, 주변의 편의 시설이나 우리가족에게 필요한 것은 근방에서 쉽게 구할 수 있는지 등을 잘 점검하고 나서 살 곳을 정해야 한다.

5

단점을 장점을 바꾸는 법

전원생활의 단점2

전원생활을 떠올리면 당연하게 여유로움, 마당 있는 생활, 맑은 공기 이런 장점이 먼저 생각나겠지만, 모든 것에 일장일단이 있듯 단점도 분명히 존재한다.

단점이 많으니, 전원생활은 꿈도 꾸지 말라, 이런 이야기를 이번 글에서 하려는 것은 아니다. 아파트에서는 층간 소음이 있어도 잘들 살고 있지 않나. 대신 미리 잘 알고 있으면 대비책을 세울 수 있고, 실제 무슨 문제가 발생하더라도 입게 되는 타격도 덜 하다. 그리고 막상 살아보면 단점이라고 했던 것이 오히려 장점처럼 여겨질 때도 있다. 하나씩 살펴보자.

자동차는 선택이 아닌 필수

모든 곳이 그렇진 않겠지만, 전원생활을 하게 되는 시골 대부분은 대중교통이 원활하지 않다. 그래서 차가 꼭 필요하다(시골 어른들은 오타바이를 많이들 타고 다니신다). 나처럼 자차로 출퇴근하는 경우라면, 집에 있는 아내가 쓸 용도로 차가 한 대 더 필요하다.

그래서 많은 집이 패밀리카 한 대에, 경차나 소형차 한 대 이렇게 두 대를 운용한다. 레저를 위한 세컨카가 아니고, 생활을 위한 세컨카다. 당연히 차 한 대만 굴리던 때보다는 기름값, 보험료, 유지비 등이 많이 들어간다.

배달의 민족이 뭐야?

전원생활을 처음 할 때만 하더라도 음식 배달이 어려웠다. 간혹 손님이 많이 와서 많은 양을 주문할 때는 가능했지만, 1~2인분 같은 일반적인 주문으로는 배달 서비스를 받을 수가 없었다. 그래서 간혹 치킨이나 족발을 먹고 싶을 때는 전화로 미리 주문을 하고, 가게로 차를 몰고 가서 음식을 픽업해 오는 방식을 썼다.

근데 이조차도 이전에 살던 집은 좀 더 골짜기에 있어서, 차로도 왕복 30분은 족히 걸려서야 픽업할 수 있었다. 상황이 이렇다 보니, 배달 음식을 먹는 횟수가 도시에 살 때에 비해 현저하게 줄어들었다. 야식 한 번 먹는 일이 매우 번거로운 일이 되어버린 것이다. 그런데 반대 관점에서 보면 장점이 되기도 한다. 배달 음식을 안 먹으니 비용도 줄고, 집에서 만든 건강한 음식을 더 먹게 된다. 몸에도 좋고 다이어트에도 도움이 되는 것은 물론이다.

여기까지는 배달비가 무료일 때의 일이고, 요즘은 배달 앱을 이용하면(즉, 배달료를 지불하게 되면) 전원주택으로도 배달 음식이 온다. 그런데 내 돈 내고 배달시키는 것도 안 통하는 곳이 있다. 아주 외진(약간은 오지 같은) 곳이라면, 아무래도 배달 음식은 꿈도 꾸기 힘들다.

약 4년 전 지금 살고 있는 집으로 이사를 와서 드디어 배달 음식을 시켜 먹을 수 있게 되었다고 좋아한 적이 있다. 이사하던 날 '국룰'인 짜장면을 시켜 먹었다. 집으로 배달 온 짜장면을 마지막으로 먹었던 것이 12년 전이었는데, 정말 감회가 새롭고 성공한(?) 삶을 산 것 같았다. 웃을 사람도 있겠지만, 전원생활 시작 후 처음 집으로 짜장면이 배달 온 역사적인(?) 순간이었다.

요즘은 얼마나 자주 시켜 먹을까? 배달이 된다고는 하지만 상대적으로 거리가 멀어 배달 팁이 비싸다. 배달 팁이 최소 주문 금액에 육박할 때도 있다. 그래서 배달 앱이 있어도 시켜 먹는 일은 드물다. 간혹 먹게 되면 직접 가서 픽업하는 걸 선택한다.

대리운전은 하늘의 별 따기

나는 매일 자차로 출퇴근한다. 거리가 좀 있고 하다 보니, 차 없이는 출퇴근 엄두가 안 난다. 그래서 업무 끝나고 동료들과 술 한 잔 하는 날에도 반드시 대리 운전을 이용해 차를 집으로 가져와야 한다. 다음날 출근을 위해서다. 그런데 문제는 대리기사 배정이 잘 안 될 때가 있다. 당연한 것이 우리집까지 오면 본인이 나갈 방법이 없다 보니 그렇다.

경우에 따라 대리운전을 부르게 되면, 대리기사 외에 또 다른 한 명이 차를 몰고 따라오기도 한다. 대리기사가 내 차를 운전해서 도착한 후 주차까지 마친 뒤, 뒤따라온 차를 타고 돌아가는 방식이다. 그런데 이런 대리운전도 경쟁이 많아서 이용하기가 쉽지 않다. 운 좋게 부른다 해도 외지이고 거리가 멀다 보니 가격이 비싸다. 집에 오는 대리비보다 근처 모텔에서 자는 것이 더 저렴할 때가 많다.

대리운전을 이용할 수는 없지만, 그나마 택시는 집까지 들어온다. 택시는 알아서 돌아갈 수 있으니 말이다. 그럼, 택시는 잘 잡힐까? 아니올시다나. 주소를 불러주면 시골이라고 해서 잘 안 가려고 한다.

사실 이보다 더 큰 문제는 차를 서울에 두고 택시로 귀가한 다음 날 출근길이다. 아내가 일부러 차로 회사까지 태워주거나, 택시를 타고 출근해야 하는데, 엄청 번거롭다.

이러니 밖에서 술 한 잔 먹기가 쉽지 않다. 자연히 밖에서 술 먹는 횟수가 줄어들고, 먹더라도 연중행사처럼 일 년에 몇 번 되지 않는다. 송년회 같은 특별한 자리가 아니면 웬만하면 밖에서 술을 마시지 않는다.

덜 마시고 하니 어떻게 보면 이 또한 좋은 일이다. 하지만 애주가인 나로서는 참 안타깝다. 동료들과 삼겹살에 소주 한 잔 마시고, 기분 좋아지면 2차로 생맥주도 한잔해야 하는데, 이 좋은 걸 외면하려니 참 가슴이 아프다. 술값 덜 나가는 것이 좋기는 하지만, 뭔가 끈 하나가 떨어져 나가는 기분이 든다.

여튼 밖에서 술을 안 마시니 집에 일찍 들어와 가족과 같이 저녁 먹을 일이 늘고, 일찍 귀가하는 만큼 함께 시간을 보내는 일도 많아졌다. 그래서 전원생활을 하면 본인이 의도했던, 의도하지 않았던 자연스럽게 가정적인 사람이 된다.

오래전, TV에서 미국 아버지들이 한국 아버지들보다 더 가정적이란 이야기를 들은 적이 있다. 문화적 차이도 있겠지만, 그들 역시 밖에서 술을 마시지 못해 그렇게 된 것은 아니었을까, 추측해본다.

　　　　　　　　　　　　전원생활의 단점

음식물 쓰레기(날파리의 습격)

아파트에서는 음식물 쓰레기를 아무 때나 버릴 수 있었다. 하지만 도시 생활을 접고 전원생활을 처음 시작한 집에서는 일주일에 한 번만 버릴 수 있었다. 겨울철에는 그나마 좀 덜하지만, 여름철에는 쓰레기 주변으로 날파리(하루살이)가 꼬이고 아주 처치 곤란이었다.

'땅을 파서 음식물을 묻어라'라는 말도 있는데, 한 번도 아니고 매번 땅을 파서 버리는 것이 막상 해보면 쉬운 일이 아니다. 땅에 파묻어도 길고양이나 다른 동물들이 냄새를 맡고 땅을 파헤치는 바람에 더 지저분해지기도 한다. 그래서 여름철에는 음식물 쓰레기를 냉동실에 얼려 놨다가 버렸다.

또 친구들이 놀러 오거나 해서, 이것저것 음식을 만들어 먹고 나면, 평소보다 음식물 쓰레기가 더 많이 나오는데, 그럴 때는 아파트 사는 친구에게 부탁해, 미안하지만 음식물 쓰레기를 가져가 버려달라고 부탁하기도 했다.

다행히 요즘은 전원주택이라도 가구가 많은 지역이면, 음식물 쓰레기통을 군에서 별도로 비치해 줘서, 예전보단 한결 처리가 수월하다. 지금 사는 곳도 이사 온 후 군청에 건의해서, 마을 입구에 음식물 쓰레기통을 가져다 놓았다. 덕분에 지금은 음식물 쓰레기를 매일 버릴 수 있다. 별것 아니라고 생각할 수 있겠지만, 엄청난 복지 시설이다.

요즘은 가정용 음식물 분쇄기도 많이 쓴다. 일주일에 한 번밖에 음식물 쓰레기를 버릴 수 없는 지역이라면, 이 방법도 좋은 해결책이 된다.

지금까지 얘기한 것을 살펴보게 되면, 전원생활은 도시에서 누리던 꽤 많은 것을 포기해야 하고, 단점과 어려움도 만만치 않아 보인다. 하지만 단점이 있음에도 전원생활을 꾸준히 유지하고 오랫동안 해오는 사람이 있다. 그 이유는 뭘까? 전원에서 생활에서 오는 장점과 만족감이 단점을 충분히 커버하기 때문이다. 그리고 미리 잘 파악해서 대안을 마련한다면, 얼마든지 단점이 장점이 될 수도 있다.

전원생활의 단점

6

시골은 텃세 때문에 못살아?

전원생활에 대한 오해1

장점은 몰랐다고 해서 크게 문제가 될 게 없지만, 단점은 그렇지 않다. 내가 미리 예측하고 대비하지 못했다면 작은 것 하나가 큰 문제가 될 수 있다. 그래서 전원생활 준비 영상 같은 걸 보더라도 좋은 점보다는 힘들고 어려운 점, 불편한 점을 다루는 콘텐츠가 먼저 눈에 들어온다.

실제로 내 유튜브 채널에서도 전원생활의 장점과 단점 영상을 각각 올린 적이 있는데, 장점을 언급한 영상은 누적 조회수가 약 8천 뷰 정도였지만, 단점을 언급한 영상은 무려 47만 뷰나 되었다. 단점을 언급한 영상이 조회수가 60배나 더 많았다.

심리학자의 말을 빌리면, 사람들은 좋은 것보다 나쁜 것에 더 관심을 두기 마련인데, 이는 가족을 지키려는 일종의 보호 본능에 가깝다고 한다. 이런 사람 심리를 이용해 낚시성 제목을 다는 콘텐츠가 꼭 있다. 불안 심리를 자극해 조회수를 늘리려는 전략이다.

한 번은 유튜브에서 "양평의 몰락"이라고 올라온 썸네일이 있었다. 내가 살고 있는 지역이라 '이게 무슨 소리인가?' 싶어 클릭했더니 부동산에서 운영하는 채널이었다. 양평의 몰락이란 내용은 하나도 없고, 양평 매물을 소개하는 내용이 전부였다. 나도 유튜브 채널을 운영하는 만큼, "너는 어그로성 제목 사용한 적 없냐?"라고 묻는다면, 단 한 번도 없다고 말하지는 못한다. 그래도 아예 내용에도 없는 제목을 달거나 썸네일에 넣거나 그러지는 않는다.

아무튼, 전원생활을 꿈꾸는 분이라면, 눈이 가는 단점 정보도 중요하지만, 장점이나 다른 정보 등도 충분히 살펴보는 것이 좋다. 너무 한쪽으로 부각된 정보만 취하다 보면, 불안한 마음이 더 가중되고, 전원생활에 대한 편견도 생기게 된다.

전원생활이라고 하지만 그 범위는 너무나 넓다. 산골 오지에 혼자 집 짓고 사는 것도 전원생활이고, 도시 인근에 타운하우스나 전원주택 단지에서 사는 것도 전원생활이다. 당연히 이 둘은 너무나 큰 차이가 난다. 즉 내가 얻으려는

    전원생활에 대한 오해

정보가 살고자 하는 환경과 비슷한지 그렇지 않은지 따져 보는 것이 매우 중요하다.

나는 도시에서 멀지 않은 곳에서 전원생활을 하려고 계획하는데, 산골 오지에서 전원생활 하는 사람의 말을 듣게 된다면, 좋은 말이든 나쁜 말이든 나한테는 잘못된 정보일 수밖에 없다. 그래서 무슨 정보든 100% 신뢰하기보다, 좀 더 맥락을 살피는 것이 중요하다.

지금부터는 많은 사람들이 갖고 있는 전원생활에 대한 오해와 편견을 살펴보고자 한다. 하지만 이 내용조차도 누구에게는 사실이지만, 누구에게는 편견이 될 수 있다.

전원주택은 추워서 못살아!

많이 하는 오해 중 하나가 '전원주택은 춥다'라는 정보다. 이 정보는 잘못일 확률이 높다. 앞에서도 언급했듯이 요즘은 단열재와 시공 기술이 발달해서 부실시공만 하지 않는다면 춥지 않다. 아파트도 엉망으로 지으면 춥고 더운 건 마찬가지다.

오히려 집보다는 지역에 따라 겨울철 평균 온도를 체크하는 것이 더 중요하다. 내가 사는 지역도 겨울에는 서울보다 4도 정도 기온이 더 내려간다. 집보다는 어느 지역인지가 추위에 대한 영향이 더 크다.

그리고 집의 방향도 중요하다. 예전에 아파트 6층에 산 적이 있는데, 향도 정남향이었다. 부실시공 아파트도 아니었다. 하지만 저층이다 보니 앞 동에 가려져 그늘이 지는 것이 문제였다. 겨울에 해가 잘 들지 않아, 춥게 살았던 기억이 있다. 그 아파트에 비하면 지금 집(전원주택)은 온실이나 다름없다.

아이들은 벌레 안 무서워하지?

환경 변화에 대한 편견도 있다. 아이가 어릴 때부터 시골에서 자라면 벌레도 잘 잡을 것 같고, 지렁이나 개구리도 안 무서워할 것 같다고 생각한다. 하지만 시골에서 나고 자란 아이라도 벌레나 지렁이를 보면 징그러워한다. 시골에 살면, 여름에는 개울에서 첨벙거리며 놀고, 가을에는 산에 밤을 따러 갈 거로 생각하지만, 다 그런 건 아니다. 시골 아이들도 스마트폰으로 게임하고 영상 보는 걸 더 좋아한다.

한 번은 지인이 놀러 와서 "와~ 주변 환경 너무 좋다. 애들은 여기서 뭐 하고 놀아?"라고 물은 적이 있다. 그날의 대화 흐름으로 볼 때 뭔가 도시 아이들과는 다른 걸 기대하는 눈치였다. 하지만 내 대답은 그 기대에 부응하지 못했다.

"애들? 다 똑같지, 뭐. 스마트폰으로 게임하고 유튜브로 영상 보고, 아이돌 노래나 춤 따라 추면서 놀아."

　전원생활에 대한 오해

지인은 자신이 원했던 답은 아니었는지, 약간 실망한 듯한 눈빛을 보였다. 도시에서 자라는 아이들보다 자연과 더 가까운 곳에 있으니 자연과 친해질 확률이 높은 건 사실이다. 하지만 시골 아이들이 모두 자연에서 놀거리를 찾는 것은 아니다.

이처럼 시골 생활을 한다고 해서 뭔가 성격이 확 바뀌거나 인생관이 변하거나 하는 일은 드물다. 바뀌는 건 라이프 스타일 정도다.

시골은 텃세 때문에 못살아!

텃세가 유독 심한 곳이 있다. 통계 자료를 보면 전원생활을 텃세 때문에 포기한다고 대답한 사람은 1~2% 정도로 매우 적은 편에 속한다. 그런데도 "시골은 무조건 텃세가 심해서 살 곳이 못 돼"라고 편견을 갖는 사람이 있다.

나도 TV에서 정말 상식 이하의 행동으로 텃세를 부리는 것을 본 적이 있다. 하지만 이 문제를 시골 사람 전부, 시골살이 전부로 봐서는 안 된다. 세상 어디를 가나 상식 이하의 사람은 꼭 있는 법이다. 도시든 시골이든 어디든 말이다.

그래도 텃세가 걱정된다면, 원주민 수보다 이주민 수가 많은 지역을 선택하면 된다. 이런 지역은 텃세가 없을 확률이 높다. 원주민은 말 그대로, 그곳에서 태어나서 자란 이를 말한다. 반대로 이주민은 나처럼 다른 지역에서 이사 온 사람을 말한다.

그럼 내가 봐둔 지역에 이주민이 얼마나 되는지 어떻게 알 수 있을까? 인근 부동산에 물어보는 것이 제일 빠르다. 100% 정확하진 않겠지만, 대략적인 분포는 파악할 수 있다.

이주민의 수가 많아지면 아무래도 새롭게 오신 분들의 목소리에 좀 더 힘이 실린다. 그리고 원주민과의 갈등도 이미 앞선 사람들로 인해 많은 부분에서 협의가 이뤄지고 문제가 해소되었을 수 있다.

한 예로 이주민이 이사 오면 마을 이장이 찾아와 '마을 발전 기금'이란 명목으로 돈을 요구한다. 100만 원을 내라는 지역도 있고, 200만 원을 내라는 지역도 있다. 마을 공동사업을 위해 집마다 조금씩 찬조해달라는 것이라면 기꺼이 그럴 수도 있지만, 어디에 어떤 용도로 사용되는지도 모르는 '마을 발전 기금'을 이사를 왔다는 이유만으로 내놓으라면 황당하기 짝이 없다.

이런 케이스는 매우 불합리하지만, 많은 분이 돈을 내고 이사를 했다. 나도 그랬다. 좋은 게 좋은 거라고, 이사하자마자 마음고생하는 것보다는 낫다고 생각했다. 아마 요즘은 다 사라지지 않았을까 싶다(하루빨리 없어져야 할 나쁜 관행이다). 예전에 비해 많이 줄어 들었다고 TV 뉴스에서 본

적이 있다. 다행히 지금 살고 있는 집으로 이사 올 때는 마을 이장이 찾아오질 않았다. 당연히 마을 발전 기금도 내지 않았다.

SUV 4X4?

전원생활을 하면 자동차는 세단이 아니고 SUV 사륜구동 모델을 떠올린다. 왠지 짐 실을 일도 많을 것 같고, 특히 겨울에 눈이 오면 꼭 필요한 차량이라는 생각도 든다. 그러나 이 또한 산속에 있는 집이 아니라면, 굳이 SUV일 것까지는 없다. 사륜구동일 필요도 없고 말이다. 요즘은 시골도 주요 도로는 제설 작업이 잘 이루어진다.

처음 전원주택으로 이사 왔을 때는 나도 SUV 차량을 구매했다. 전원생활 후 캠핑은 예전만큼 다니지 않았기 때문에 레저용은 아니었고, 시골 눈길이 걱정되어 SUV 사륜구동 모델로 구입했다. 그런데 막상 살아보니 굳이 그렇게까지 필요한 사양은 아니었다.

시골에 살면, 목재를 구입해야 하는 일도 있고, 손수레를 구매하거나, 이것 저것 자재를 사다가 운반해야 하는 일도 생긴다. 그런데 이런 것들은 어차피 SUV에 실을 수 없다. 그럴 용도라면, 이웃집 동생처럼 라보(미니 트럭)나 포터 트럭을 사는 것이 훨씬 요긴하다.

결국 나는 차 두 대를 모두 세단으로 바꿨다. 그리고 여기에 한 가지 팁을 더하자면, 후륜구동보다는 전륜구동 모델이 낫다. 시골 눈길을 후륜구동 모델로 다니다 보면, 미끄러지는 일이 많다. 그래서 안전상의 이유로 후륜은 추천하고 싶지 않다.

심심하고 무료하다

주택 관리, 정원 관리, 텃밭 관리 등 전원생활에서 집과 집 주변 관리는 필수다. 작은 것 하나 직접 꾸미고 보수하고 하는 것을 좋아한다면 "심심할 틈이 없다"라고 말한다. 반대로 이런 것을 즐기지 못한다면, 모두 노동이고 귀찮은 일일 뿐이다.

앞으로는 이런 일을 매일 하고, 하지 않으면 안 되는 상황이 될 텐데, 그런 생활이 괜찮은지를 먼저 생각해 봐야 한다. 물론 살다 보면 적응해서 재미를 느끼는 경우도 있다. 그리고 도시에서 할 수 없었던 나만의 취미 같은 걸 만들어서 전원생활을 훨씬 더 다채롭게 즐길 수도 있다.

나는 목공에 취미를 붙였다. 나무 냄새가 좋았고, 다 만들고 나서 마지막으로 사포질하며 매끈해진 목재를 손으로 만져 볼 때의 부드러움이 너무 좋았다. 그런 재미로 계속 목공을 하다 보니 실력이 많이 늘었다.

 전원생활에 대한 오해

판매했던 네스프레소 캡슐 홀더

만들기만 하다 내가 만든 소품을 사람들은 어떻게 생각하나 싶어서 인터넷 쇼핑몰에 올려 판매도 해봤다. 물론 대박 나는 일은 없었지만, 신기하게도 사주는 사람이 있었다. 그래서 작은 용돈벌이가 됐다. 그런데 평일에는 회사 일하고, 주말에는 주문 들어온 제품을 만들고 하다 보니, 여간 몸이 지치는 게 아니었다. 좋아하던 일도 일이 되니 더 이상 즐겁지가 않았다. 결국 1년 정도 하다가 판매를 접었다. 이야기가 조금 삼천포로 빠졌지만, 취미를 일로 만드는 것은 추천하고 싶지 않다.

요즘은 시골에서도 악기나 운동 등 충분히 지역 동호회를 찾을 수 있고, 그곳에서 또래들과 어울리는 것도 가능하다. 그렇게 같이 놀다 보면 무료하거나 심심할 일은 없다.

매주 바비큐를 먹어서 좋겠다!

캠핑의 꽃은 바비큐라고 했던가. 캠핑을 가거나 펜션에 놀러 갈 때만 먹을 수 있던 바비큐를 전원생활에서는 언제든 할 수 있다. 그러면 엄청나게 자주 먹을 것 같지만, 막상 또 그렇지는 않다.

처음 전원생활을 시작하고, 3~4년은 정말 바비큐를 많이 했다. 지인들 입장에서는 어쩌다 한 번이지만 나로서는 손님만 바뀔 뿐이지 매주 바비큐 파티였다. 매주 먹게 되니 물리기도 하고, 그래서 나중에는 바비큐는 해줄 테니 오는 길에 수산시장에서 회를 떠 오라고 부탁했다.

사람 중에는 가만히 있지를 못하고 계속 움직이는 스타일이 있는데, 내가 그렇다. 그렇게 부지런을 즐기는 성격임에도, 매주 바비큐를 위해 숯을 피우고 다 먹고 나서 뒷정리를 하는 일이 점점 귀찮아졌다. 그 결과 지금은 손님 접대가 아니고서 순수하게 우리 가족이 먹기 위해서 숯을 피우는 일은 일 년에 몇 번 되지 않는다. 그것도 몇 해 전에는

등갈비 훈연 구이

훈연 고기에 새롭게 눈을 떠서, 그 이유로만 숯을 피운다. 평소에 고기가 먹고 싶을 때는 전기 프라이팬이나 에어프라이어를 이용한다. 그게 더 편하다.

한 번은 여러 가족이 한꺼번에 놀러 온 적이 있다. 아이들까지 동행하는 대규모 행사였다. 많은 인원이 먹을 음식을 준비하고 자리 세팅하고, 먹고 나서는 뒷정리까지. 어쩌다 한 번이면 괜찮지만, 그런 일이 반복되면 누구든 지친다.

결론은 전원생활을 지속하다 보면, 바비큐 많이 할 것 같지만, 생각만큼 자주 해 먹지는 않는다는 것이다. 이게 편견 아닌 편견이다. 지인 초대는 간간이 하고 가족과 보내는 시간을 더 많이 만드는 것이 좋다.

전원생활에 대해 많이들 오해하고 있는 것에 관해 설명해보았다. 이중 잘못 알고 있다가 "좋은 거구나" 이렇게 긍정으로 바뀌는 것도 있지만, 그 반대도 있을 것이다.

여러 정보를 잘 모으고, 그게 나에게 좋은 건지 나쁜 건지 각자 결론을 내려야지, 다른 사람이 좋다고 해서 다 좋은 것은 아니다. 전원생활은 형태도 다양하고 얻는 이점도 제각각이다. 충분한 검토와 고민만이 후회를 낳지 않는다.

 전원생활에 대한 오해

7

관리비가 더 든다?

전원생활에 대한 오해2

아파트에서 생활할 때와 전원주택에서 생활할 때 생활비나 유지비(관리비)가 동일할까? 결론부터 말하면 아니다. 그럼, 아파트와 전원주택 중 어느 곳이 더 많이 나올까? 생활 환경이 다른 만큼 차이는 분명히 있다. 도시 생활을 할 때 더 들어가거나 덜 들어가는 부분이 있고, 반대로 전원생활을 할 때 더 들어가거나 덜 들어가는 부분이 있다. 어느 게 더 낫다고 말하기는 어렵다.

내가 살았던 30평대 아파트와 약 40평의 전원주택(목조)에서 생활한 기준으로 한번 비교해 보겠다.

건축 구조에 대한 이해

먼저, 건물 뼈대를 어떤 자재로 사용했는지에 따라 건축 구조가 나뉘고, 이에 따라 관리비, 생활비의 미세한 차이가 발생한다. 그래서 일단 무엇으로 뼈대를 세운 집인지 이것부터 살펴보고 넘어가야 대략적인 관리비 산출이 가능하다.

철근콘크리트조는 철근으로 집의 뼈대를 잡고 그 위에 콘크리트를 부어서 만드는 건축 방식이다. 장점은 다른 구조에 비해 내구성이 좋고, 견고한 구조로 안정성이 뛰어나다. 그리고 내화성(불에 타지 않고 잘 견디는 성질), 내열성(높은 온도에서도 변하지 않고 잘 견디어 내는 성질)이 좋고, 방음도 뛰어나다. 다만 공사비가 고가이며 공사 기간이 다른 건축 방식에 비해 길다는 단점이 있다. 벽체가 두꺼워 동일 평수로 시공하면, 실사용 면적이 작게 나온다. 그리고 단열 성능도 비교적 낮은 편이다.

목조는 목재를 사용해 골조부터 외벽까지 건축하는 방식으로 종류에 따라 중목 구조, 경량목 구조, 통나무 주택 등으로 나뉜다. 전원주택에서 가장 많이 시공하는 방식은 경량목 구조다. 목조의 장점은 동일 평수 시공 시 철근콘크리트조에 비해 실사용 면적이 넓다는 것이다. 그리고 자연 소재인 나무를 이용해 친환경적이고, 지진같은 좌우 움직임에도 덜 영향을 받는다. 단열도 뛰어나 다른 구조에 비해

전원생활에 대한 오해

30% 정도 냉난방 절감 효과가 있다. 단점은 평창과 수축을 하는 목재의 특성상 뒤틀림과 변형이며, 해충 등으로 수명이 단축될 수 있다는 점이다. 그리고 벽체가 얇은 편이라 소음에도 약하다.

경량 스틸조는 아연도금한 철강재를 공장에서 주택의 설계에 맞춰 생산 후 조립하는 방식이다. 시공 기간이 짧아 빠른 건축이 가능하고 증축 및 개축도 편리하다. 동일 평수로 시공 시 실사용 면적이 가장 넓게 빠진다. 단점은 단열성이 떨어진다는 점이다. 그래서 공장, 창고 등에서 많이 사용된다. 또 진동 및 소음에도 취약하다.

조적조는 붉은색 벽돌집을 생각하면 된다. 골조부터 벽체까지 모든 부분을 벽돌로 짓는 방식이다. 요즘은 조적조로 건축하는 방식은 많이 줄어드는 추세다. 내구성이 긴 편이고 내화성이 뛰어나다. 시공비도 저렴하다. 그래서 가격 측면에서 우수하다. 다만 벽돌 두께만큼 벽체가 두꺼워지니 동일 평수로 시공 시 실사용 면적이 작게 나온다. 그리고 지진같은 횡력에 의한 변형에도 취약하다. 습도 조절 능력도 떨어진다.

ALC조는 고압력으로 가공된 경량 기포 콘크리트 블록으로 짓는 건축 방식이다. 장점은 내화성이 좋고 방음이 뛰어나다. 그리고 친환경적이고 무게가 가벼워 시공성이 좋

     1부 — 전원생활의 준비

다. 단열 효과도 매우 좋다. 다만 공기층에 수분을 빨아들여 곰팡이가 발생하는 점, 자재 자체 두께가 있어 실 사용 면적이 줄어든다는 것이 단점이다.

생활비

먼저 전기요금이다. 전원주택에서 산다고 해서 아파트 살 때와 비교해 더 많이 쓰거나 더 적게 쓰는 등의 전기 요금 차이는 크지 않다. 여름이 얼마나 더웠는지, 에어컨을 얼마나 더 사용했는지 정도의 차이만 있지, 거주 환경에 따른 전기 요금 차이는 거의 없다고 봐도 무방하다. 만약 전기 보일러를 사용하는 것이라면 차이가 나겠지만, 그렇지 않다면 비슷하다.

수도 요금도 마찬가지다. 크게 차이 나지 않는다. 아니, 조금 더 나온다. 텃밭에 물을 주거나, 집에서 세차하는 일도 자주 생기고, 나무와 잔디에 물을 줘야 하니까. 또 여름에는 마당에 아이들 풀장을 만들어 주는 데도 조금 더 쓰인다. 모두 아파트 생활에서는 쓰지 않던 물 사용이다.

이런 물 사용은 개개인의 선택 사항인 만큼, 반드시 전원주택에 산다고 해서 꼭 써야 하는 것은 아니다. 텃밭 안 가꾸고, 잔디 대신 돌을 깔아서 생활하는 사람도 많다. 그러면 추가로 물이 더 쓰일 일은 없다.

  전원생활에 대한 오해

그리고 가장 중요한 것인데, 곳에 따라 상수도를 사용할 수 없는 지역이 있다. 지금 살고 있는 우리 집도 상수도가 들어오지 않아, 지하수를 이용한다. 그러면 당연히 수도 요금은 따로 나오지 않는다. 대신 지하수를 퍼내는 데 필요한 펌프 구동을 위한 전기요금이 발생한다.

조금 다른 얘기긴 하지만, 간혹 "집에서 세차하면 세제로 인해 땅을 오염 시키는 것 아니냐?"라고 묻는 분이 있다. 나는 세차할 때 물로만 세차한다. 호스로 물 뿌리고 걸레로 닦아내는 정도다. 오수 처리 시설이 갖춰진 곳이라면 중성 세제를 사용해도 된다. 세차할 때 나오는 물은 산업용 폐수가 아닌 생활 오수이기 때문에 규제 대상은 아니다.

이제 난방비를 살펴보자. 앞에서 여러 번 얘기한 것처럼 아파트가 되었든 전원주택이 되었든 집의 향이나 단열 시공 여부, 어떤 창호를 사용했는지에 따라 난방비는 천차만별이다. 남향이 아니고, 단열 시공도 부실하고, 창호도 좋지 않은 제품을 사용했다면 '난방비 폭탄'이란 말이 연상될 정도로 많이 나온다.

근데, 이는 아파트도 마찬가지다. 구축 아파트이고 베란다 창이 삐걱거려 제대로 닫히지 않거나, 혹은 베란다 확장을 해서 보일러가 깔려있지 않은 북향의 방이라면, 그 방은 실내 공기가 찰 수밖에 없다. 그래서 보일러를 더 돌리다 보면 난방비는 당연히 증가한다.

아파트는 주로 도시가스를 사용하고, 전원주택에선 기름 보일러를 사용한다. 이에 따른 차이가 있을까? 난방비를 평수와 대비해 비교해 보면, 둘의 차이는 크게 느껴지지 않는다. 그리고 인터넷, 통신비, 쓰레기 처리 비용도 동일하다. 시골이라고 더 받거나 그러진 않는다.

인터넷 이야기가 나온 김에 말하자면, 인터넷 신청할 때 집 근처에 통신주가 있는지를 확인해야 한다. 한전에서 전기를 공급하기 위한 전봇대와는 다른 것으로, 인터넷 회선을 연결하는 목적으로 사용된다. 집 근처에 통신주가 이미 있다면 별도 비용은 발생하지 않겠지만, 그렇지 않다면 설치 비용을 내가 부담해야 한다.

KT에서는 통신주 한 개를 무료로 설치해 준다. 하지만 두 개부터는 개당 비용이 발생한다. 거리가 멀수록 통신주를 중간중간 더 많이 설치해야 하므로, 더 큰 비용이 발생한다.

이전 집에서 인터넷 설치를 할 때, 가장 가까운 통신주부터 집까지 세 개가 추가로 필요했다. 한 개는 무료이니, 나머지 두 개 설치 비용은 내가 직접 지불했다. 이 후로 우리 동네로 이사 오는 집들은 내가 설치했던 통신주로 별도의 추가 설치 비용 없이 인터넷을 연결해서 쓰고 있다. 아마

    전원생활에 대한 오해

새로 이사 오시는 분들은 통신주 설치 비용이 있다는 것을 모를 것이다.

이처럼 나 혼자 동떨어진 곳에서 전원생활을 하거나, 막 조성된 전원주택 단지라 하더라도 가장 먼저 들어간다면, 생각하지 못했던 비용이 발생할 수 있다.

관리비

아파트에 살면 매월 관리비를 내지만, 전원주택에서는 추가로 내야 할 관리비는 없다. 대신 유지보수 비용이 발생한다.

목재 데크가 있다면 오일스테인 작업 비용이 필요하다. 그리고 정화조 청소 비용도 발생한다. 페인트를 몇 년에 한 번씩 발라주어야 하는 외장재라면 도색 비용도 든다. 뾰족한 박공지붕(삼각형 지붕)이 아니고 옥상으로 사용할 수 있는 평지붕은 몇 년에 한 번씩 방수 시공도 해줘야 한다. 이 외에도 집마다 여러 가지 유지보수 비용이 발생한다.

이런 관리를 셀프로 할 수 있다면 상당한 인건비가 절약되지만, 그렇지 않다면 돈을 써서 해결할 수밖에 없다. 그래서 간단한 작업 정도는 직접 할 수 있어야 경제적으로 유리하다.

관리비의 경우 집마다 크기도 환경도 다르기 때문에 아

박공지붕

파트와의 직접적인 비교는 어렵다. 관리 요소를 최대로 줄이는 것이 비용 절감임을 기억하자.

'무조건' 더 나오는 비용

전원생활을 하면 반드시 더 많이 나올 수밖에 없는 것이

　　　　　　　　　전원생활에 대한 오해

있다. 첫 번째가 차량 유지비와 기름값이다. 전원생활은 도시와는 달리 차가 없으면 많이 불편하다. 아파트에 살 때는 주말에만 차를 운행했지만, 지금은 매일 차를 사용한다. 매일 운행하니 유류비도 더 많이 나오고, 차량 관리비도 더 많이 든다. 여기에 차량을 두 대 쓴다면 비용은 이중이 된다.

두 번째는 변기 수리 등 큰 공사가 발생해 내가 직접 해결하기 어려운 경우다. 아파트는 관리사무소에서 꽤 많은 걸 알아서 처리해 주지만, 전원생활은 하나에서 열까지 내가 직접 해결해야 한다. 그리고 수리 기사분이 오더라도 거리가 멀다는 이유로 추가 요금을 더 달라고 할 때가 있다. 때로는 "거긴 너무 멀어서 못 가요"라고 답하는 경우도 있다.

한 번은 러닝머신 벨트를 교체하기 위해, 집에서 가장 가까운 수리 업체에 연락을 했는데, 내가 사는 곳은 출장을 나갈 수 없는 지역이라고 했다. 결국 인터넷을 뒤져서 맞는 벨트를 찾아 주문하고, 교체는 유튜브 영상을 보며 해결했다. 비용은 절감되었지만 과정은 꽤 힘들었다.

택배비도 도시 살 때보다 더 나온다. 일반적인 크기의 택배는 배송비가 동일하나. 그러나 가구 등 부피가 있는 제품이라면 추가 배송비를 내야 한다.

전원생활을 하더라도 각각의 환경과 개개인의 라이프

스타일에 따라서 생활비나 유지비는 제각각이다. 강조하는 의미로 소제목으로 '무조건'을 붙이긴 했지만, 사실 무조건은 없다. 다 다르고, 케이스 바이 케이스다.

누구는 "시골 살면 텃밭에서 반찬이 다 나오고, 물가도 도시보다 싸서 돈 들어갈 일 없다"라고 말하지만, 내 경험으로 비춰보면 꼭 그렇지도 않다. 또 누구는 "시골 살면 난방비 폭탄에 차량 유지비에 돈 엄청나게 든다"라고 말하지만, 마찬가지로 꼭 그런 것도 아니다. 일반적으로 생각하는 것과 실제 생활하는 것은 다를 수 있고, 또 집마다, 사는 곳마다도 다르다. 그래서 어느 곳에서 살 때가 돈이 더 든다, 덜 든다 딱 잘라 말하긴 어렵다. 편견을 가질 필요는 없다.

 전원생활에 대한 오해

8

관리 요소를 줄여라!

전원생활 선배의 조언

자연과 벗 삼아 층간 소음 걱정 없는 유유자적한 생활, 그 꿈을 이미 실현해 살고 있는 분도 있고, 이제 막 준비하는 분도 있다. 전원생활을 해보니 자신과 너무 잘 맞아 삶의 만족도가 높아진 분이 있는가 하면, 꿈꿔왔던 것과 전혀 다르다며, 힘들어하거나 도시로 다시 돌아가는 분도 있다.

포기 이유는 다양하다. 전원생활이 다양한 만큼, 그만두는 연유 역시 여러 가지다. 하지만 어디에 어떤 형태로 살던 전원생활의 좋고 나쁨을 판단하는 가장 주된 요인 중 하나는 집 관리와 유지에 들어가는 수고로움이다.

전원주택에서 거주하는 사람은 물론이고, 5도 2촌 등 주말에만 전원생활을 하는 사람도 마찬가지다. 주말에 나만

관리 요소를 고려해 지은 두 번째 집

의 아지트에서 여유로운 전원생활을 꿈꿔 왔는데, 여유는 고사하고 "올 때마다 잡초 뽑다가 시간 다 간다"라는 볼멘소리를 하게 된다면 어떨까.

아무리 전원주택을 잘 설계하고 만든다 해도, 아파트 보다 분명 관리할 요소가 많다. 나는 처음 집을 짓고, 그 집에서 약 8년 정도 생활하면서 관리에 힘들었던 부분을 리스트로 만들고, 그 자료를 기반으로 지금 살고 있는 집을 설계했다. 덕분에 이전 집에서 살던 때보다는 해야 할 일이

전원생활 선배의 조언

많이 줄었다. 그러면서 몸도 편하고 주말에 시간적인 여유까지도 더 생겼다. 그럼에도 기본적으로 해야 하는 일이 아예 없는 것은 아니다(아파트보다 더 많다).

지금부터는 전원생활을 계획하는 사람들에게 참고가 되었으면 하는 마음으로 내가 어떤 관리 요소를 어떻게 줄여 왔는지 하나씩 얘기하고자 한다.

지긋지긋한 잡초

흙이 있는 곳에는 무조건 잡초가 자란다. 어떻게도 바꿀 수 없는 진리다.

잡초를 줄이고자, 흙으로 되어 있던 주차장에 농사할 때 쓰는 제초 매트를 깔아 줬다. 그리고 제초 매트 위에 파쇄석(돌을 부숴서 만든 작은 조각으로 된 돌)을 깔았다. 그래도 잡초는 비집고 올라왔다. 또 한 번은 두꺼운 코코넛 매트(코코넛 껍질의 섬유질 부분으로 만든 매트, 공원 산책로 등에서 볼 수 있다)를 깔아 보기도 했다. 그래도 잡초는 보란 듯이 자라났다. 숯이나 모닥불 피울 때 사용하는 기다란 가스 토치로 태워도 보고, 염화칼슘이 잡초 제거에 좋다고 해서 그것도 사다가 뿌려봤다. 하지만 일시적일 뿐 어김없이 잡초는 또 자랐다.

손으로 잡초를 제거할 때는 호미나 송곳 등을 이용해 뿌리까지 뽑아야 한다. 그렇지 않으면 다시 자란다. 손으로 뽑아내는 것이 가장 효과적이지만, 200평 가까이 되는 마당의 잡초를 손으로 정리한다는 것은 엄청 힘든 일이다. 힘들다고 관리를 안 해주면 나중에는 정글이 된다. 잡초 때문에 집 전체가 폐가라도 된 듯 흉흉해 보이기까지 한다. 그래서 지금 집의 마당을 설계할 때는 잡초 관리를 가장 신경썼다.

일단 잔디밭을 만들 구역과 텃밭을 만들 구역만 흙으로 채웠고, 건물 앞부분은 정형 현무암 판석(현무암으로 만든 가로 50cm × 세로 50cm인 석재)을 깔았다. 그런 다음 마당의 나머지 모든 부분에는 콘크리트를 타설했다. 시쳇말로 공구리를 쳤다. 아마 시골집 마당을 떠올리면 공구리 친 마당이 떠오를 텐데, 그것과 비슷하다고 보면 된다. 시골에 살면서 농사일만 해도 손이 부족한데 언제 잡초를 뽑아가며 마당을 관리하겠는가? 다 이유가 있는 것이다.

우리 집에 깐 현무암 판석과 판석 사이의 틈은 1~2mm 정도다. 그 작은 틈 사이를 비집고도 잡초가 자란다. 하지만 그 정도는 애교로 봐 줄 수 있다. 결과적으로 이전 집에 비하면 미관상으로도 깔끔하고 잡초 뽑는 시간도 1/20로 줄어들었다. 아니, 거의 없다고 봐도 될 정도가 되었다.

로망인 잔디밭

전원주택 하면, 넓은 잔디밭을 자동으로 떠올리는 분이

　　　　　전원생활 선배의 조언

많다. 나도 그랬다. 그래서인지 이전 집에서는 잔디만 120평 정도를 깔았다.

짧게 단장된 잔디밭이 만드는 푸르름을 생각하면 예쁘고 평화롭기 그지없다. 하지만 그런 평화를 누리려면 잔디밭 관리가 꼭 필요하다. 일단 주기적으로 잔디를 깎아 주어야 하는 것이 가장 중요하다. 그리고 물도 주고 비료도 뿌려줘야 한다. 잔디밭에도 그놈의 징그러운 잡초가 자란다. 마찬가지로 일일이 손으로 제거해 줘야 한다. 그 일이 잔디 깎는 것보다 더 힘들다. 만약 잡초 제거를 안 해주면 멀지 않아 잔디밭은 온데간데 없어져 버릴지도 모른다.

나는 관리의 어려움을 토로하며, 잔디밭 1/4의 면적을 목재로 덮고 데크로 만들었다. 그러다 또 1/4 면적만큼은 자갈을 깔았다. 결국 처음 잔디밭 면적의 반은 날려 버렸다. 잔디를 까는 데 들어간 비용의 반도 함께 사라진 것이 되었다. 알다시피 데크를 만들고 자갈을 까는 데도 추가 비용이 든다. 시공에도 돈이 드니 사람을 부르는 대신 내가 했다. 힘은 힘대로 들고 돈은 돈대로 날린 아주 멋들어진(?) 경험이었다.

지금 살고 있는 집을 구상할 때도 처음에는 잔디밭이 아예 없는 설계를 후보군에 넣기도 했다. 하지만 그래도 명색이 전원주택인데 잔디가 아예 없는 것은 너무 삭막해 보일

     1부 ─ 전원생활의 준비

현무암 판석으로 잔디밭과 구분했다

것 같았다. 결국 현무암 판석을 깔고, 나머지 부분만 잔디밭과 텃밭 자리로 두었다. 결과적으로 잔디밭은 약 20평 정도로 이전 집의 1/6도 정도 되는 면적이 되었다.

그전에는 잔디 깎는 시간이 한 시간이었다면 이젠 10분이면 된다. 집사의 근로 시간을 엄청나게 단축하는 괄목할 만한 변화라 할 수 있다.

잔디밭이 전원생활의 필수 항목은 아니다. 잔디밭을 계획하고 있다면, 면적을 잘 고려해 보길 바란다. 아니, 고려도 하지 말고 무조건 최소화하길 권장하고 싶다.

 전원생활 선배의 조언

집의 옷 외장재

집의 외관을 마감할 때 사용하는 자재를 외장재라고 한다. 외장재로는 주로 벽돌, 파벽돌, 징크, 스타코, 스타코 플렉스, 시멘트 사이딩, 세라믹 사이딩, 목재, 라임스톤 등이 있다.

똑같은 집 두 채를 각각 다른 외장재로 마감하면 두 집의 느낌과 분위기는 완전히 다르다. 더 이상 똑 같은 집으로 보이지 않는다. 그만큼 집 전체 분위기를 좌우하는 매우 중요한 자재가 외장재다. 외장재마다 관리 요령이 다르다. 하나씩 살펴보자.

• 벽돌: 점토를 주원료로 하여 고온으로 구운 건축 자재로 가장 흔하게 보이기도 하고 유행도 덜 타는 외장재다.

벽돌

•파벽돌: 벽돌을 타일처럼 얇게 잘라낸 형태의 자재로 외장재로도 사용하고 카페 인테리어 등 내장재로도 사용한다.

파벽돌

•징크: 주성분을 아연으로 하는 마감재로 종류에 따라 구리, 티타늄, 알루미늄을 포함하기도 한다. 외장재로도 사용하지만, 지붕 재료로도 많이 사용한다.

징크

 전원생활 선배의 조언

- 스타코: 석고가 주재료이고 여기에 대리석 가루와 분말 등을 물에 섞어서 건축물 벽면에 바르는 미장 재료이다. 흙손 같은 미장용 칼을 이용해 밀어서 도장한다.

스타코

- 스타코 플렉스: 스타코의 크랙 등의 문제점을 개선한 제품으로 탄성을 추가해 수축과 팽창에 대비할 수 있도록 만든 제품이다.

- 시멘트 사이딩: 시멘트에 섬유 보강재를 첨가해서 고압으로 성형한 제품으로 가격도 좋고 내구성과 내수성이 좋은 재료이다. 예전에는 전원주택 외장재로 많이 사용했으나 요즘은 올드한 느낌이 난다고 건축주들이 잘 선택하지 않는 외장재다.

시멘트 사이딩

· 세라믹 사이딩: 모래와 천연펄프에 강도를 높일 수 있는 콘크리
트를 혼합하여 만든 제품이다.

세라믹 사이딩

· 목재: 말 그대로 나무를 가공한 외장재로 자연적인 느낌과 따뜻
한 느낌을 준다. 단독으로도 사용하지만 벽면에 포인트를 주는 용

도로도 많이 사용한다.

목재

- 라임스톤: 천연 석재 라임스톤도 있고 시멘트와 유리섬유, 석분 등

을 혼합한 인조도 있다. 천연보단 인조 라임스톤이 저렴한 편이다.

라임스톤

외장재를 붉은 벽돌로 시공하면 클래식한 느낌이 난다. 반면 목재로 시공하면 따뜻한 느낌과 자연 친화적인 느낌을 준다. 모던한 느낌을 주고 싶을 때는 징크나 라임스톤을 많이 사용한다.

반드시 하나의 자재로만 마감할 필요는 없다. 다채로운 느낌을 주려고 벽돌과 징크, 벽돌과 목재 등 두 가지 이상의 자재를 섞기도 한다. 또 한 종류의 외장재를 선택하더라도 색상을 다르게 하기도 한다. 예를 들어 건물 하단 부위는 오염이 잘 되는 부분이니 회색 벽돌로 시공하고, 나머지는 흰색 벽돌로 시공한다.

외장재도 시간이 지나면 관리를 해주어야 하는데 유지 보수가 편한 외장재가 있고, 그렇지 못한 외장재도 있다. 이전 집을 지을 때 외장재를 흰색 스타코와 징크를 사용해 시공했다. 몇 년이 지나도 징크로 마감한 부분은 깔끔했다. 그런데 스타코로 마감한 곳은 부분부분 빗물로 인해 검정 물자국이 생겼다. 그래서 스타코나 스타코 플렉스로 외장재를 선택할 경우 주기적으로 도장 작업이 필요하다.

목재 같은 경우에는 1년~2년에 한 번씩 주기적으로 오일스테인을 발라 줘야 한다. 집이 2층이나 3층 집이라고 하면 높이가 높다. 그러면 작업도 위험하고 관리도 힘들다. "1년~2년에 한 번? 그 정도면 할 만하네!"라고 생각할 수도

 전원생활 선배의 조언

있지만, 막상 해보면 관리 주기는 정말 빨리 온다. 관리하는 것이 많을수록 더 빠르게 느껴진다. 날짜가 점점 다가오면 무슨 큰 숙제처럼 스트레스를 준다.

반면에 상대적으로 오염에 강해 관리를 덜 해도 되는 외장재도 있다. 대표적인 것이 세라믹 사이딩이다. 세라믹 사이딩으로 마감한 집에 대한 느낌은 사람마다 호불호가 있다. 개인적으로는 선호하는 스타일은 아니다. 게다가 비싼 편에 속하기도 한다. 하지만 계절의 영향을 적게 받고 오염에 강하다는 장점이 있다. 관리 비용을 생각해 본다면 충분히 고려해 볼만하다.

목재 데크 vs 석재 데크

전원주택에는 목재로 데크 시공을 많이 한다. 데크는 펜션이나 야외 카페 등에서 많이 봤을 것이다. 넓은 목재 데크는 매력이 있다. 목재 데크재의 종류도 다양하다. 가장 저렴하고 흔하게 보는 일반 방부목, 가장 고급스러워 보이는 방킬라이, 이페(IPE) 같은 천연 방부목, 고열 처리를 해서 내구성을 좋게 만든 탄화목, 플라스틱을 섞어 만든 합성 목재 등이 있다.

합성 목재를 제외한 나머지 데크재는 목재 외장재와 마찬가지로 1년에 한 번 오일스테인을 칠해야 깨끗하게 유지

마당에 넓게 깔린 목재 데크

할 수 있고, 오래 사용할 수 있다. 데크는 밟고 다니는 곳이기 때문에 목재 외장재보다 더 자주 관리해 줘야 한다.

합성 목재는 따로 오일스테인 관리를 안 해도 되는 장점이 있다. 그래서 공원이나 산책로 등에서 많이 사용한다. 요즘은 일반 가정집에서도 많이 쓴다. 합성 목재는 정확하게는 나무가 아니기 때문에, 자연스럽지 않고 인위적인 느낌이 난다. 그래서 호불호가 갈린다.

전원생활 선배의 조언

목재 데크가 따뜻한 감성이라면, 석재 데크는 모던하고 고급스러운 느낌을 준다. 따뜻한 감성을 굳이 고집하지 않는다면 목재보다 석재 데크를 추천한다. 주로 현무암 판석, 화강석 판석, 타일 등의 자재로 마감한다. 목재 데크에 비해 내구성도 좋고 관리 공수도 적다. 다만 시공 비용이 더 발생한다. 하지만 목재 데크 관리를 위해 사용하는 오일스테인 비용도 누적되면 만만한 가격은 아니므로, 몇 년 칠할 돈을 먼저 지불한다고 생각하면 석재도 투자할 만하다. 그리고 관리라는 큰 숙제를 없애 버리는 비용이기도 하다.

이전 집에서는 목재 데크를 사용했다. 살아보니 데크는 넓을수록 활용도가 좋았다. 그래서 약 5m × 10m 크기로 넓게 확장하고, 매년 꼬박꼬박 오일스테인을 발라주며 관리했다. 그런데 8년 이상 관리하다 보니 오일스테인 발라주는 일이 점점 귀찮게 느껴졌다. 그런 이유로 지금 집은 석재 데크로 시공했다.

벽난로의 로망

'타닥타닥' 장작 타는 소리 들으면서, 벽난로 앞에 앉아 차 한잔하고 있는 모습을 상상해 보자. 따뜻한 담요를 몸에 두르고 김이 모락모락 피어오르는 컵을 두 손으로 꼭 잡고서 커피를 마신다. 영화에 자주 등장하는 장면이다.

오픈 천장과 벽난로

나도 그런 장면을 보면서 부러워했다. 캠핑에서 불멍을 하는 걸 싫어하는 사람이 없는 것처럼, 누구나 집에서도 불멍을 할 수 있도록 해주는 것이 벽난로다.

전세로 살았던 전원주택이 너무나 추웠던 경험도 있고, 새집(첫 번째 전원주택)은 오픈 천장 구조라 겨울에 추울 수 있겠다 싶었다. 그래서 벽난로가 '로망+보조 난방용'으로 안성맞춤이라고 생각했다.

오픈 천장이란 1.5층 혹은 2층 높이로 천장을 만드는 것을 말한다. 거실 윗부분에 해당하는 2층을 별도의 공간으로 만들지 않고 천장을 2층 높이까지 확장한 형태다. 아파트 천장 높이가 보통 2.3m 내외인데, 당시 우리 집 거실 높이는 6m~7m 정도였다. 공간이 위로 높아진 만큼 개방감이 생겨 시원하고 여유로운 분위기가 연출됐다. 아파트에서는 보기 힘든 구조이기 때문에 높은 천장을 보면 매력적으로 다가온다. 하지만 단점도 있다. 일단 공간 활용 면에서 효율적이지 못하다. 2층에 거실 크기만한 방을 하나 더 만들 수 있는데, 그런 공간을 날려버리는 것이 된다. 또 높이가 높은 만큼 공간 면적이 넓어져 냉난방에도 더 많은 에너지가 들어간다.

아무튼 이런 이유로 벽난로 설치는 낭만과 실용성, 두 마리 토끼를 모두 잡는 것이라고 생각했다. 그리고 벽난로에 작은 서랍이 있어 군고구마도 만들어 먹고, 닭도 구워 먹고, 삼겹살도 구워 먹을 수 있었다. 결과적으로 요긴하게 잘 사용했다. 하지만 지금 살고 있는 집(두 번째 전원주택)을 설계할 때는 벽난로를 아예 제외했다. 왜 그랬을까?

그 이유는 벽난로에 불을 때지 않아도 그렇게 춥지가 않았다. 그래서 난방 용도로는 고려할 필요가 없었다. 첫 번째 집에서 600~700만 원 정도를 두고 설치했으니, 난방이 아닌 낭만용으로는 부담이 되는 금액이기도 했다. 집 지을 때 예산은 언제나 모자라기 마련이니 벽난로 비용을 아껴 다른 곳에 투자하는 것이 낫겠다고 생각했다. 그래서 두 번째 집에서는 벽난로 설치 비용을 갖고서 시스템 에어컨에 사용했다.

그리고 벽난로를 사용하려면 장작이 있어야 한다. 한 겨울에는 장작 주문이 밀려 일주일 이상 기다리기도 한다. 그래서 봄에 미리미리 주문해 둬야 한다. 그러면 겨울이 될 때까지 수분이 빠져서 더 잘 탄다. 근데 그러려면 별도 보관 공간이 있어야 한다. 그리고 다 태우고 나서는 재도 처리해야 한다. 벽난로의 유리 부분이 검게 그을음이 생기면 장작 타는 것이 보이지 않아 불멍을 할 수가 없다. 그래서 이 부분도 주기적으로 청소를 해줘야 한다. 이래저래 잔손이 많이 필요한게 벽난로다.

 전원생활 선배의 조언

장작도 처음에는 사용하기 좋게 잘려 있는 절단목보다 통으로 된 걸 사용했다. 통장작이니, 일일이 도끼질을 했다. 처음에는 이 또한 낭만과 재미로 느껴졌다. 하지만 시간이 지날수록 그냥 겨울을 위해 해야 하는 일일 뿐이었다.

벽난로 자체의 필요성이나 좋고 나쁨을 논하려는 것은 아니다. 집이 추워서 벽난로가 필요한 집도 있다. 다만, 관리 차원에서 벽난로를 운영하기 위해 어떤 손이 필요한지를 설명했다. 설치하기 전, 한 번 더 신중하게 생각해 보라는 뜻이다.

전원생활은 장비 빨?

떨어지는 낙엽이나 내리는 눈을 막을 수는 없다. 그래서 가을이면 낙엽을 쓸어줘야 하고, 겨울이면 눈을 치워 줘야 한다.

집마다 다르겠지만, 우리 집은 마당 옆으로 산이 붙어 있어서 가을이면 마당으로 떨어지는 낙엽의 양이 어마어마했다. 갈퀴로 일일이 쓸어 주는데, 적어도 한 시간은 걸렸다. 낙엽이 생기지 않을 때까지 여러 번 반복해야 했다.

몇 년 동안 갈퀴로만 쓸어 주다가 송풍기를 구입했다. 아주 신세계를 만난 것 같았다. 송풍기를 사용하니 낙엽을 한 곳으로 모으는 것도 너무 쉽고 빨랐다. 기존의 노동 강도와 시간을 1/10로 줄여주었다.

송풍기는 겨울에 눈을 치울 때도 요긴했다. 아주 묵직하게 쌓인 함박눈이나 수분이 많은 습설은 끄덕하지 않지만, 그것을 제외한 웬만한 눈은 송풍기로 날려 버리면 속이 다 시원한 정도로 깨끗이 치워졌다.

잔디밭의 잔디를 깎을 때 처음에는 수동 잔디깎이를 사용했다. 그다음은 휘발유를 넣어 사용하는 엔진형 잔디깎이를 이용했다. 그러다가 주기적으로 휘발유를 사다가 넣어 주는 것도 조금 번거로웠다. 한 번은 휘발유를 조수석에 싣고 오다가 조금 흘렸는데, 그 냄새가 아주 대단했다. 냄새가 잘 빠지지 않아, 일주일 동안 머리가 띵한 상태로 운전을 하고 다녔다.

그 후로는 전기 모터를 사용하는 잔디깎이로 바꿨다. 유선 모델로 콘센트에 전원을 연결해 줘야 했다. 휘발유를 사용하는 잔디깎이에 비해 소음도 적고 냄새도 안 났다. 하지만 전선이 발에 자주 걸리고, 휘발유 잔디깎이에 비해 힘이 약했다.

지금은 배터리 충전식 잔디깎이를 사용한다. 무선이라 전선이 걸리적거릴 일이 없고, 힘도 부족하지 않다. 또 자주식(自走式)이다. 이게 무슨 말이냐 하면, 사람 힘으로 잔디깎이를 밀지 않아도 된다는 의미다. 잔디깎이가 스스로 앞

   전원생활 선배의 조언

으로 움직이며 잔디를 깎는다. 사람은 그냥 방향만 조절해 주면 된다.

로봇 청소기처럼 알아서 작업하는 로봇 잔디깎이도 있다. 수동 잔디깎이를 사용하던 때와 비교해 보면 격세지감 같은 변화다. 기술의 발전은 전원생활에도 영향을 준다.

이 외에도 타공이나 피스를 고정하기 위한 전동 드릴, 목재 재단할 때 사용하는 각도 절단기, 풀을 제거하기 위한 충전식 예초기, 세차나 이끼 제거, 창문 청소할 때 필요한 고압 세척기 등 다양한 장비가 필요하다(전원생활 필수템에 대해서도 뒤에서 별도로 정리했다).

전원생활을 좀 더 여유 있게 즐기려면, 관리를 쉽게 할 수 있도록 도와주는 장비는 어느 정도 투자할 만한 가치가 있다고 생각한다. 스마트한 도구를 활용하고, 관리 요소를 최대한 줄여서 여유로움을 길게 만끽하는 것이 중요하다. 물론 소소하게 움직이며 가꾸는 것을 소일이라며 좋아하는 분도 있겠지만, 힘든 일이나 신경 써야 하는 일을 최대한 줄여가는 것은 누구나 바라는 바다. 실패 없는 전원생활을 위해서는 관리의 무거움이 덜어져야 한다.

2부 —— 전원생활의 시작

9

시작은 일단 전세로

전원생활 맛보기

전원생활을 시작하는 방법은 크게 세 가지로 나눌 수 있다. 첫 번째는 전세나 월세처럼 세를 들어 사는 방식이고, 두 번째는 이미 지어진 전원주택을 구입하는 방식, 세 번째는 직접 전원주택을 짓는 방식이다. 각각의 방법은 장단점이 뚜렷하며, 개인의 상황과 성향에 따라 선택은 달라질 수 있다.

하지만 이 가운데 가장 현실적이고 부담이 적은 방법을 하나 꼽으라면, 단연코 '세를 들어 살아보는 것'을 말하고 싶다. 전세나 월세로 일정 기간 전원생활을 경험해 보는 것은 단순한 거주를 넘어, 자신과 가족이 시골 환경에 얼마나 잘 적응할 수 있는지 확인하는 과정이다. 그래서 첫걸음으로서 가장 안전하고 효율적인 선택이라 할 수 있다.

앞에서 여러 차례 살펴본 것처럼, 도시의 삶과 전원의 삶은 생각보다 많은 차이를 지닌다. 대중교통의 부족, 의료시설 접근성, 교육 환경의 차이, 제한적인 생활 인프라 등 이를 그냥 알고만 있는 것과 실제 살아보면서 느끼는 것에는 큰 간극이 존재할 수밖에 없다. 그래서 전원생활을 하겠다고 하는 사람이 있으면 누구에게나 일정 기간 동안 실제로 살아보는 것을 꼭 권하는 편이다.

이는 향후 정착을 위한 기준을 세우는 데에도 큰 도움이 된다. 어떤 지역은 자연환경은 뛰어나지만 겨울철 난방비 부담이 크거나 습기가 많아 주택 관리가 어려울 수 있다. 또 커뮤니티가 활발해 외지인이 쉽게 적응할 수 있는 곳이 있는가 하면, 그렇지 않고 폐쇄적인 분위기로 외부인에게 배타적인 지역도 있다. 이러한 차이는 인터넷 정보나 책만으로는 알기 어렵고, 실제 생활을 통해서만 확인이 가능하다.

또 직접 살아보면, 원하는 생활 방식과 필요한 조건도 보다 분명해진다. 지역 선택은 물론이고, 집의 구조와 위치, 규모, 기능에 대한 기준도 구체화된다. 이미 지어진 전원주택을 구입하든 아니면 직접 집을 짓던 말이다.

전원생활에 대한 막연한 로망만으로 집을 구입하거나 신축을 결정했다가, 예상치 못한 불편함과 생활 방식의 차이로 후회하는 경우가 적지 않다. 전원생활은 단순한 이사나 주거 형태의 변화가 아니라, 삶의 방식 자체를 바꾸는 큰 전환임을 명심하고, 신중하게 접근해야 한다.

충동적인 결정보다는 임대 형태로 충분히 경험하고 검증하는 과정을 거치는 것이 실패 확률을 낮추고 만족도를 높이는 현명한 방법이 된다.

전원주택 전세살이는 바보짓?

예전에 '전원주택 전세살이는 바보짓'이란 제목의 기사를 읽은 적이 있다. 기사 내용은 전원주택에 전세로 살지 말고, 바로 집을 지으라는 거였다. 전세로 사는 것은 시간 낭비라고 했다. 네이버에 올라온 기사였으니, 아마 많은 분이 보았을 것이다.

읽어보니 어떤 이야기를 하고자 하는 것인지 이해는 됐다. 전원생활을 해본 사람이라면 대부분 공감할 만한 내용이었다. 그런데 자칫 기사의 전체 의미는 모른 채 전세살이 대신 내 집 짓기에만 초점을 맞춘다면 자칫 큰 실수를 할 수도 있겠다는 생각이 들었다.

물론 그 기사를 깎아내리려는 것은 아니다. 다만 '전세살이는 바보 짓'이란 기사 내용에 반대되는 의견도 충분히 살펴보아야 한다는 것을 강조하고 싶을 뿐이다.

기사 내용의 일부를 그대로 인용하면, 다음과 같다.

"단순히 집이 필요해 전원주택 전세를 얻거나 돈이 부족해 그렇게 한다면 모르겠지만, 전원생활 예행연습을 위해 전원주택 전세살이를 한다면 바보짓이 될 수도 있다. 기회비용만 높이는 꼴이다."

기사에서 말하는 기회비용의 의미를 살펴보자. 전원생활을 하면 느낄 수 있는 재미 요소가 있다. 집을 직접 꾸미는 일, 텃밭을 가꾸는 일, 나무와 화초를 심어서 정원을 이쁘게 꾸미는 일, 같은 것 말이다. 그런데 나무나 화초가 자라려면 시간이 많이 필요한데, 전세로 살게 되면 내 집이 아니니 이런 좋은 환경을 만들지 못하고 시간만 축낸다는 게 기사의 요지다.

집을 직접 가꾸고 꾸미는 것이 전원생활의 재미 요소 중 하나라는 것에는 동의한다. 그러나 모든 사람이 화초를 키우고, 정원을 가꾸고, 텃밭을 일구는 것을 꿈꿀까? 아닌 사람도 많다. 극단적으로 바비큐를 해 먹는 것이 좋아 전원생활을 계획하는 사람이라면, 전세살이를 하면서도 충분히 할 수 있다. 나는 오히려 처음 시작하는 사람이라면 꾸미고 가꾸는 일을 최소화하는 것이 더 좋다고 생각한다. 왜냐하면, 앞에서 여러 번 언급했듯 관리 요소가 많을수록 전원생활이 힘들게 느껴질 수 있기 때문이다.

"난 무조건 집을 짓고 전원생활을 시작할 거야!" 확고하게 마음먹고 사전에 공부도 많이 했다면, 처음부터 집을 짓고 살아도 된다. 그러나 그렇지 않은 사람에게는 위험한 선택일 수 있다.

그렇다고 해서 "전세로 무조건 살아본 다음에 전원주택을 지어라" 이렇게 단정 짓는 것도 아니다. 그럼에도 전세로 먼저 살아보면서 얻을 수 있는 장점은 분명히 있다. 어떤 점에서 좋은지 한번 정리해 보자.

리스크 헷징

맨 먼저, 리스크를 줄일 수 있다. 5도 2촌을 제외하고 전원생활을 하기 위해 전원주택을 짓게 된다면 도시 생활을 정리하고 들어올 것이 분명하다. 나처럼 아파트를 팔고 그 돈으로 집을 짓는 경우도 있을 것이고, 전세로 살고 있다면 전세금을 빼서 집을 짓는 경우도 있다. 부자가 아니고서야, 집 짓는데 들어가는 비용이 아마 전 재산에 가까울 것이다.

문제는 그렇게 해서 만족한 삶이 되면 다행이지만, 그렇지 않고 "난 불편해서 전원생활 못 하겠다" 이렇게 느껴진다면 아주 난감해진다.

일단 전원생활을 접고 다시 도시로 돌아가는 것이 생각만큼 쉽지가 않다. 지었던 전원주택을 팔아야 하는데, 아파

　　　　　　　전원생활 맛보기

트처럼 매매가 쉽게 일어나기가 어렵다. 자칫 집을 파는 데에만 몇 년이 걸릴 수도 있다.

그리고 도시에 살면 당연하다고 느껴져서 둔감한 것들이 시골 생활에서는 정말 중요하게 작용하는 것이 있다. 이 또한 겪어보지 않으면 얼마나 리스크한지 알 수가 없다. 예를 들어, 대중교통의 불편이나 생필품을 구하는 것 등으로 시골에서는 곳에 따라 찾기 어려운 것이 될 때가 있다.

몇 년 전 다이소가 입점했을 때 동네 살기가 좋아졌다며 손뼉 치며 기뻐했던 일이 생각난다. 차 타고 15분은 가야 하는 거리였음에도 말이다. 이처럼 도시에 살 때는 편의점이나 마트 가는 게 아무것도 아닌 일인데, 시골에서는 그렇게 소중할 수가 없다.

전세로 먼저 살아 본다는 것은 이런 불편한 시골 생활에 얼마나 적응할 수 있는지 예행연습을 해본다는 의미가 있다.

집 설계의 도움

아파트에만 살아 본 사람들은 집 설계를 해보라고 하면 직사각형을 먼저 그려 놓는다. 그리고 방 배치와 크기를 어떻게 나눌지 고민한다. 나도 처음에는 그랬다. 그러나 주택은 'ㄱ'자로 지을 수도 있고, 'ㄷ' 자, 'ㅁ'자로도 지을 수 있다. 아파트는 다른 사람이 지어 놓은 구조에 내 삶을 맞춰 사는 거지만, 주택은 내 삶에 맞게끔 하고 살 수 있다.

전세로 먼저 살아본다는 것은 "우리 가족은 함께 요리하는 걸 좋아하니 커다란 아일랜드 조리대가 있는 주방을 만들면 좋겠다." "나는 운동을 좋아하니 홈 짐을 만들면 좋겠다." 이렇게 필요한 요소를 알게 되는 것이고, 이는 향후 집 지을 때 설계에 고스란히 반영할 수 있다.

전원생활에 꼭 필요한 것이 창고인데, 통상 이곳에 잔디 깎이, 바비큐 그릴 같은 자질구레한 것들을 보관한다. 텃밭을 한다면 각종 농기구 보관도 필요하다. 이렇듯 전세로 살아 보면 단순히 창고가 필요해서 정도가 아니라, 우리 가족에게 적합한 창고의 크기를 구체화해낼 수 있다.

먼저 살아 본 집이 이층 집일 경우 2층의 장단점도 알게 된다. 계단을 올라가고 내려가는 것이 별 것 아닌 것 같아도 꽤 귀찮을 때가 있다. 그렇게 인지가 되고 나면, 단층으로 지을 지 이층으로 지을 지를 생각하게 된다. 실제로 이층 집을 설계한다면, 1층과 2층을 사용 용도에 따라 구별하는 것이 좋다. 손님방, 주방, 거실, 공용 화장실 등의 공간은 1층에 만들고 침실, 가족 룸 같은 사적인 공간은 2층에 만드는 것이다.

내가 전원생활을 처음 했던 전세 집은 구옥에 단열도 잘 되지 않아 너무 추웠다. 그래서 집 지을 때 다른 것보다 최

전세로 살았던 전원주택

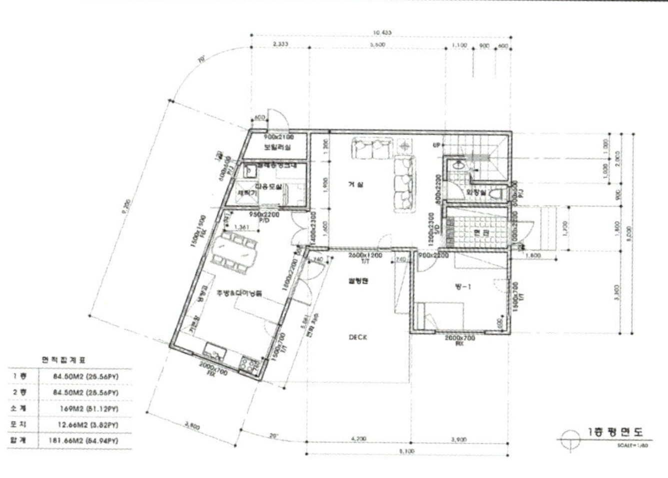

살아본 경험을 토대로 직접 설계한 두 번째 집 평면도

우선으로 중요하게 생각한 것이 단열이었다. 열 손실을 최소화할 수 있는 설계에 대해서 시공사에 자문도 많이 구하며 설계했다. 이렇듯 전원생활을 직접 해보면 이전에는 보이지 않던 것을 설계 도면에 반영할 수 있다.

땅의 크기와 건물 위치 잡기에도 먼저 살아 본 경험만큼 귀한 게 없다. 내가 전세로 살았던 곳은 옆집과의 거리가 1~2m 정도로 가깝게 붙어 있는 구조였다. 옆집에 좋은 분들이 살아서 사이좋게 잘 지냈다. 그럼에도 집이 가깝게 붙어 있으면 옆집 사람들 시선이나 소리가 은근히 신경 쓰인다. 전세로 살던 집의 땅은 100평이었는데, 이후 "집을 짓는다면 옆집과 어느 정도의 거리를 두고 짓는 것이 좋겠네. 그러려면 최소한 땅이 150평 이상은 있어야 하는구나" 이런 생각을 할 수 있게 해주었다.

전원주택에는 아파트에 없는 마당이 있다. 그러면 마당의 크기와 위치, 마당으로 나가는 동선까지도 살아본 경험을 갖고서 나중에 고려할 수 있다. 빨래를 말리기 위해 세탁실에서 마당으로 가는 동선을 고려해 위치를 잡거나, 바비큐를 굽기를 좋아해 마당에서 자주 식사를 한다면, 주방에서 마당으로 음식을 들고 나가는 것이 편리하게 집 설계에 반영할 수도 있다. 게다가 바비큐를 비 올 때는 못 해 먹어서 아쉬웠던 경험이 있다면 비나 눈에 구애받지 않는 바

  전원생활 맛보기

비큐 존을 마당 설계 시 추가할 수도 있다. 이모두 살아본 경험에서 나오는 설계다.

집 관리의 경험

직접 살아 보게 되면, 우리 가족이 불편함 없이 사용하면서 관리가 수월한 마당의 크기도 가늠할 수 있다. 이건 향후 구입할 땅의 평수를 결정할 때 많은 도움이 된다.

나는 전세로 먼저 살아 보고 나서야, 전원생활을 할 수 있겠다고 판단을 했고, 그 후 주변으로 땅을 보러 다녔다. 그런 다음, 전세 생활의 경험을 바탕으로 첫 번째 집을 지었다. 그러나 전세로 살아 보고 지었는데도, 놓친 부분이 많았다. 그러니 전세살이 없이 시작했다면 후회가 더 많았을 것이다.

사람 마음은 계속해서 변하기 때문에 건축사들은 "100점짜리 집은 없다"라고 단언한다. 실제 나는 전원생활을 시작하고 나서 라이프 스타일이 조금 변했다. 요리하는 취미가 생겼고 목공 하는 취미도 생겼다. 그제야 주방 조리대를 좀 더 크게 만들었으면 좋았을 텐데, 목재를 보관하기 편하게 창고를 좀 더 크게 만들었으면 좋았을 텐데, 하는 아쉬움이 첫 번째 집에서 남았다.

전세 생활을 할 때 텃밭도 경험해 봤다. 텃밭을 일궈보

신선한 채소가 가득한 유기농 텃밭

니 만족도가 컸다. 그래서 집을 지을 때 전셋집에서의 두 배 크기로 마당 한 곳으로 만들었다. 이처럼 미리 살아보면 내 집 짓기 전에 필요한 것이 무엇인지 많이 알게 되고, 관련해서 정보를 수집해서 새로운 것을 배울 수도 있다. 아는 만큼 보이고, 보이는 만큼 내 집의 완성도는 높아진다.

전원생활의 첫걸음으로 임대(전세)를 선택하는 것은 단순한 주거지 이동을 넘어, 삶의 방식을 검증하고 실패의 리스크를 최소화하는 가장 현명한 투자가 된다. 전 재산을 투입해 집을 짓거나 매수한 뒤 뒤늦게 후회하면 다시 도시로 돌아가기 위한 매몰 비용이 막대하지만, 전세는 시골 생활의 불편함과 자신의 적응력을 충분히 시험해 볼 수 있는 안전한 '예행연습' 기회를 제공한다. 특히 실제 거주 경험은 관념적인 설계를 벗어나 우리 가족에게 꼭 필요한 창고의 크기, 주방의 동선, 단열의 중요성, 적정 마당 평수 등을 구체화하는 밑거름이 되어, 향후 '나만의 집'을 지을 때 완성도를 비약적으로 높여준다.

결국 전세살이는 시간을 버리는 바보짓이 아니라, 아는 만큼 보이고 경험한 만큼 살기 좋은 집을 얻게 해주는 가장 확실한 리스크 헷징이자 실전 학습 과정이다.

이런 집은 사면 안 돼

전원주택 구입

전세살이도 해봤다. 그리고 전원생활이 나랑 잘 맞다는 생각에도 이견이 없다. 그러면 이제 나만의 집을 고를 때다. 두 가지 경우가 있다. 잘 지어진 전원주택을 매매로 사거나, 직접 짓거나.

집을 지으면 신경 쓰이는 부분이 정말로 많다. 집 설계와 시공사 선정부터 시작해서 공정별 체크, 하자 검수, 각종 세금 납부와 서류 업무, 자재 선택, 하다못해 수도꼭지 하나까지 다 신경 써야 한다. 처음 하는 일이라면, 당연히 이런 부분이 어렵다. 또 시공 업체가 공사 도중 부도를 내고 도망 갔다는 뉴스, 집 짓고 하자가 발생해서 시공 업체와 분쟁이 일어났다는 뉴스 등도 있다 보니, 이런 부분이 걱정되고 신경이 쓰여서 집 짓기를 두려워하는 경우도 있다.

만약 그렇다면, 이미 지어진 집을 구매하는 것도 좋은 방법이다. 그럼, 어떤 집을 사야 좋을까? 반대로, 어떤 집을 피해야 할까? 좋은 전원주택을 고르는 법에 대해서 알아보자.

적당한 평수는 어느 정도?

"전원주택을 사려면 몇 평이 적당해?" 종종 이렇게 질문을 받을 때가 있다. 만약 질문한 사람이 시골 생활을 한 경험이 전혀 없고, 처음으로 전원생활을 계획하는 것이라면, 누구든 내가 공통으로 되묻는 내용이 있다.

"땅 평수? 아니면 집 평수?"

도시에서만 살던 사람이라면 대부분 집 평수만 떠올린다. 땅 평수에 대해서는 상대적으로 둔감하다.

먼저 땅 평수는 150평에서 200평 사이가 적당하다. 150평보다 작으면 자칫 마당 없는 전원생활이 될 수도 있기 때문이다. 너무 크면 여러 번 얘기한 대로 관리가 힘들다.

전원주택단지를 개발할 때는 단지 내 공용 도로를 만든다. 그래야 단지 내 모든 필지에 집을 지을 수 있다. 이는 도로와 인접되지 않은 맹지에는 집을 지을 수 없는 것과도 연결된다(맹지에 대해서는 뒤에서 좀 더 자세히 얘기하겠다). 도로는 넓게 만들 수도 있고 좁게 만들 수도 있다. 그래서 땅마다 도로 지분의 퍼센트는 각각 다르지만, 보편적으로는 10%~15% 정도가 된다.

도로 지분이 15%인 100평짜리 땅이라면, 실제로 사용할 수 있는 땅의 크기는 85평이다. 이 85평을 부동산에서는 '실제 평수' 또는 '실평수'라고 한다. 즉, 같은 평수라도 도로 지분이 높은 땅일수록 사용할 수 있는 실제 평수는 줄어든다. 그래서 도로 지분까지 생각하면 적어도 150평은 되어야 한다.

200평보다 땅이 넓으면 어떨까? 넓은 정원이 있으면 좋을 것 같고, 텃밭 만들 자리도 필요하고, 주차장도 시원시원하게 넓었으면 좋겠다고 생각하겠지만, 땅이 클수록 비용이 늘어난다. 그리고 넓어진 면적만큼 조경 비용도 추가로 들어간다. 관리 일손이 더 필요한 것은 당연지사다.

집의 평수도 너무 큰 집보다는 적당한 크기의 집을 찾아보라고 말해준다. 물론 사람마다 "적당하다"라는 기준이 다르므로 30평이다, 40평이다, 이런 식으로 딱 잘라 말하기는 어렵다. 하지만 마찬가지로 집도 평수가 넓으면 구매 비용이 올라간다. 냉난방비나 관리비도 마찬가지로 더 나온다.

평수도 트렌드가 있다. 시공사 소장의 말을 빌리면 예전에는 대부분 30평~40평대의 집을 지었다고 한다. 그런데

 전원주택 구입

몇 년 전부터는 50평대 공사가 많아졌다고 한다. 내가 처음 집을 지을 당시에는 "집은 작게 마당은 넓게"라는 말을 주변 사람들에게 많이 들었는데, 그게 바뀐 것이다. 이처럼 사람들 성향도, 추구하는 전원생활의 모습도 계속해서 변화한다.

시세보다 싸거나 1년 안에 되판 집

집을 알아보다 보면 주변 시세보다 유독 싸게 나온 집을 부동산을 통해 소개받을 때가 있다. 집주인이 피치 못할 사정으로 급매로 내놓았을 때다. 그래서 운이 좋게 시세보다 저렴하게 구매하는 경우도 있지만, 그건 정말 흔치 않은 사례로 봐야 한다.

좋은 집이 싸게 나왔다면 부동산에서 구입했다가 프리미엄을 붙여서 다시 팔 수도 있다. 아니면 부동산 중개사가 자기 지인에게 먼저 소개해 줄 수도 있다. 즉 일면식도 없는 나에게 그런 기회가 온다는 것이 쉬운 일이 아님을 꼭 기억해야 한다.

그리고 주변 시세보다 싸다면, 그만큼 저렴한 자재를 사용해 집을 지었을 수도 있고, 냉난방 문제가 있거나 다른 하자가 있을 확률이 다른 집에 비해 높다고 생각해야 할 수도 있다. 집이든 뭐든 무조건 싸고 좋은 것은 없다. 싼 데는다 이유가 있는 법이다.

그리고 매입한 지 얼마 안 되는 집도 피하는 것이 중요하다. 예를 들어 현재 살고 있는 집주인이 그 집을 산 지 1년도 안 되었는데, 다시 판다? 그런 집은 뭔가 눈에 보이지 않는 문제가 있을 수 있음을 의심해봐야 한다.

현재 집주인이 언제 매입했는지 알아보려면 어떻게 해야 할까? 등기부등본을 확인해 보면 쉽게 알 수 있다. 아니면 집 보러 다닐 때 집주인에게 "와~ 집 좋네요. 언제 사셨어요?" 이렇게 간단히 물어봐도 된다.

또 부동산 업체에서 지어서 파는 집보다 집주인이 직접 지어서 살고 있는 집이 더 좋다. 부동산 업체들이 지어서 파는 전원주택이 무조건 나쁘다는 것은 아니지만, 아무래도 내가 들어가서 살 집이라고 생각하고 지은 집이 구석구석 더 신경 쓴 부분이 많다.

부동산 업체는 집을 지어서 파는 것이 일이고 사업이기 때문에 이윤을 남겨야 한다. 자재를 선택하더라도 성능이 떨어지지 않는 선에서 조금이라도 더 저렴한 자재를 사용했을 것이다. 그러나 내가 살 집을 짓는다고 할 때는 다르다. 더 좋은 자재를 사용했을 가능성이 높다. 단열은 물론이고, 외장재나 내장재 등에서도 말이다.

　　　　전원주택 구입

남향이 아닌 집

춥지도 덥지도 않은 집을 선택하는 것은 정말 중요하다. 그러려면 가장 먼저 남향으로 지어진 집을 선택해야 한다. 아파트도 마찬가지지만, 전원주택은 특히나 향이 중요하다.

향에 따라 난방비 차이가 엄청나게 난다. 앞서 말했지만, 완벽한 정남향이 아니고 살짝 틀어진 정도는 괜찮다. 오히려 동남향이나 남서향을 선호해서 일부러 집을 그렇게 짓는 사람도 있다. 여름에 집을 보러 갔는데, 집이 덥다면 겨울에는 추울 확률이 매우 높다. 단열이 잘되지 않는 집은 겨울에 추운 건 물론이고 여름에는 덥기도 하다.

겨울에 집을 보러 갔는데 결로나 곰팡이 자국이 있다면 그것 또한 단열 시공이 제대로 되지 않은 집임을 뜻한다. 방에 전기 히터 같은 별도의 보조 난방기기가 있다면, 그런 집도 단열 시공이 잘되지 않아 추운 집이라고 봐야 한다. 거실에 있는 벽난로는 예외로 봐도 된다. 반드시 집이 추워서 설치한 것이 아니라 인테리어 용도나 로망 때문에 설치한 집도 있어서다.

그리고 평지붕으로 된 집보다는 경사지붕이나 박공지붕으로 된 집을 선택하라고 말해주고 싶다. 평지붕은 우리나라 기후 특성상 2년에서 3년에 한 번씩 방수 공사를 해주어야 누수가 발생하지 않는다. 루프탑 카페처럼 옥상 공간을 활용할 수 있는 장점이 있지만, 관리 측면에서는 좋지 않다. 평수에 따라 차이가 있지만 방수 시공 공사 비용도 몇백만 원은 발생한다. 그리고 아무리 방수 시공을 잘 해도 경사지붕이나 박공지붕보다는 평지붕의 누수 위험이 더 높다.

너무 한적한 곳에 있는 집

마지막으로 도시에서 너무 떨어지지 않은 지역을 선택하라고 말해 주고 싶다. 사람 없는 한적한 곳에서 유유자적한 자신의 모습을 상상하겠지만, 일단 내게 문의하는 지인 대부분은 어릴 적부터 도시에서만 살아서 문명의 이기에 익숙해진 사람들이다. 그런 사람이 처음 전원생활을 하게 되면, 당장 불편한 것이 한둘이 아니다.

내가 전원생활을 시작하고 3년쯤 지났을 때였던 것 같다. 도시에 대한 그리움이 심하게 몰려오면서 권태감을 느꼈던 적이 있다. "극장을 마지막으로 가본 것이 언제였지?" 기억도 안 났다. 그리고 전원생활에 몇 년간 익숙해지다 보니 자연도 눈에 안 들어오고, 벌레도 싫고, 집 관리도 마냥 귀찮았다. 일상이 그저 그렇고 재미없게 느껴졌다. 당시에는 우리 집 주변으로 다른 집도 없던 때라, 외롭기만 했다. 그 외로움이 권태감을 더 키웠다.

 　　　　　　　　　　　전원주택 구입

그러다가 하남시에 백화점과 스타필드란 대형 쇼핑몰이 들어서고(집에서 차로 30분 정도면 갈 수 있는 거리였다), 극장은 물론이고 패밀리 레스토랑, 대형 마트, 각종 매장, 다이소 등이 들어서자, 집 주변으로 큰 도시 하나가 들어선 느낌이 들었다. 이후 극장에도 가고, 대형 쇼핑몰 구경도 하는 등 문명을 느꼈다. 무료함과 문명에 대한 갈증을 느끼고 있던 나에게 한 줄기 빛과 같았다. 권태감 극복에 많은 도움이 됐다. 그러나 그것도 잠시, 매주 갈 것 같았지만 한두 번 가다가 더 이상 가지 않게 되었다. 몇 번 가보니 주차하기도 힘들고, 또 사람들 많은 게 싫었다. 다들 느끼겠지만 막상 가보면 사실 별것 없다. 도시 살 때 이미 갈 만큼 가봤으니 말이다.

하지만 더 이상 권태감은 느껴지지 않았다. 예전에는 문명의 혜택을 누리고 싶어도 누릴 수 없는 환경이었지만, 지금은 마음은 먹으면 30분 안으로 갈 수 있으니 더 이상 우울할 이유가 없었다. 누릴 수 없음과 누리지 않음은 심정적으로 큰 차이가 난다. 내가 해결할 수 없는 것과 언제든 마음만 먹으면 가능한 것의 차이가 큰 것처럼 말이다. 생활은 이전과 동일했지만 그 작은 마음의 변화로 권태감이 없어졌다.

　성공적인 전원주택 매매의 핵심은 화려한 외관이 아닌 관리의 용이성과 생활의 현실을 냉철하게 따져보는 데 있다. 정리해보면, 땅은 도로 지분을 포함해 150~200평, 건물은 가족에게 꼭 맞는 적정 평수를 선택해야 관리비와 노동의 굴레에서 벗어날 수 있다. 시세보다 지나치게 싸거나 매입한 지 1년도 안 되어 나온 매물은 경계해야 한다. 특히 단열이 유리한 남향 구조인지, 누수 위험이 적은 경사 지붕인지를 살피고, 집주인이 실거주를 위해 정성 들여 지은 집을 고르는 것이 안전하다. 무엇보다 도심 인프라와 완전히 단절된 오지보다는 필요할 때 언제든 문명의 혜택을 누릴 수 있는 적절한 거리의 입지를 선택하는 것이 좋다(전원생활 초보일수록). 그래야 고립감과 권태를 극복하고 여유있는 전원생활을 지속할 수 있다.

11

이런 땅은 사면 안 돼

전원주택 땅 구입1

이제 본격적으로 내 집, 내가 꿈꾸는 전원주택 짓기에 대해 알아보자. 전원주택을 지으려면 가장 먼저 알아보는 것이 땅이다.

땅을 고를 때 반드시 피해야 할, 절대 사지 말아야 할 땅이 있다. 그리고 집을 짓지 않고 이미 지어진 집을 구매하더라도, 아래에서 설명하는 땅에 지어진 집은 피하는 것이 좋다. 그럼 어떤 땅을 피해야 하는지 살펴보자.

맹지

맹지는 도로와 접하지 않은 땅을 말한다. 도로와 접하지 않는다는 것은 무슨 의미일까?

집을 짓기 전 지자체에 건축 허가를 반드시 받아야 한다. 그런데 도로에 접하지 않은 땅은, 그러니까 도로가 안 붙어 있는 땅은 건축 허가 자체가 나오지 않는다. 즉, 집을 지을 수 없는 땅이란 소리다. 전원주택을 지으려고 땅을 보러 다니는데, 집을 지을 수 없다고?

한참 땅을 보러 다닐 때, 한 번은 부동산 중개인이 "이 땅은 지금 맹지지만, 옆의 땅 주인한테 토지 사용에 대한 승낙을 받으면 도로로 쓸 수 있어요. 거기 주인도 내가 잘 아는 사람이에요. 집을 지을 수 있는 땅이니 걱정 안해도 돼요."라고 말한 적이 있다. 그리고 어쩌고저쩌고 내가 알아들을 수 없는 건축 용어를 섞어가며 "다 된다. 아무 문제 없다."라고 하면서 땅을 사라고 했다. 하지만 실제로 부동산 중개인의 말처럼 그게 가능한 일이라 하더라도 결코 쉬운 절차가 아니다.

"집을 지으면 10년은 늙는다"는 소리를 들어봤을 것이다. 집을 짓는 일이 그만큼 여러 가지로 신경 쓸 일이 많다는 뜻이다. 그런데 맹지를 구입한다면, 집을 짓기도 전에 땅 문제 해결에만 10년 이상 늙게 될지도 모른다.

실제로 비슷한 이유로 이웃 간 분쟁이 된 사례가 있었다. 우리가 살고 있던 집 근처였는데, A씨 집으로 들어가는 길에 옆집 B씨의 땅 일부가 포함되어 있었다. 서류상으로 보면 B씨 땅을 이용하지 않고는 A씨는 자기 집에 들어갈 수가 없었다. 길 전체가 A씨의 땅이라면 지자체에 도로로 신청하면 되지만, B씨의 땅이 포함되어 있으니 동의 없이는 당연히 도로를 신청할 수도 없었다. 졸지에 A씨의 땅은 맹지가 되어 버린 것이었다.

예전에는 지금처럼 측량이 정확하지 않아 이런 경우가 시골에서 종종 있었다. 여태까지 아무 문제없이 살았는데 새롭게 다시 측량을 해보면 옆집 담벼락이 내 땅 안에 들어와 있는 경우도 있다.

제 삼자 입장에서 보기에는 별것 아닌 일 같기도 하다. 그냥 시골 인심으로 B씨가 A씨에게 땅을 조금 쓰라고 양보해 주면 될 것 같다. 아니면 길에 포함된 자신의 땅을 A씨에게 팔면 깔끔하게 해결될 일이다. 그러나 그건 어디까지나 우리 생각이고, B씨에게도 그러지 못할 무슨 사정 같은게 있는 것인지도 모른다.

결국 A씨는 너무나 답답하고 해결이 안 되니, 방송국 고발 프로그램에 자신의 사연을 보냈고, 실제 방송에 소개되기도 했다. 전 재산이 걸린 문제일수도 있는 만큼 무슨 방법이든 써야 했다.

이런 상황에서 A씨의 마음고생은 어땠을까? 말도 못 할 정도로 속이 시커멓게 타들어 갔을 것이다. 그래서 도로가 만들어질 수 없는 맹지는 절대 사면 안 된다. 부동산 중개

　　　　　　　　　　　　　2부. 전원생활의 시작

인 말도 믿지 말고, 맹지는 처음부터 아예 신경을 꺼 버리는 것이 좋다.

내가 겪은 황당한 이야기를 하나만 더 해보겠다. "부동산 중개인의 말을 100% 신뢰하지 말아라."의 좋은 예다. 첫 번째 집을 짓기 위한 땅을 구매했을 때의 일이다.

내가 구매한 땅은 크게 한 덩어리로 된 땅을 여러 개의 필지(하나의 지번을 부여받는 지적공부 등록의 기본단위)로 쪼개서 파는 땅이었다. 그러니까 여러 가구가 들어올 수 있도록 만든 단지형 땅이었다. 통상 땅을 구분하기 위해 도면에 1번 땅, 2번 땅, 보통 이런 방식으로 구분을 해두는데, 내가 땅을 보러 갔을 때는 3번만 남았고 나머지는 다 팔린 상태였다.

부동산 중개인 말로는 땅 주인이 자신이 쓸 용도로 하나 남겨둔 필지라고 했다. 그런데 막상 사용하려니 좀 작아서 다시 매물로 나온 것이라고 했다. 그것도 불과 며칠 전에 말이다. 지금도 부동산 관련 지식이 많은 것은 아니지만, 그때는 지금 보다 더 없었을 때였다. 내가 이해하기로 아파트로 따지면 회사 보유분인가, 대충 그런 의미인 것 같았다.

"사장님이 운이 좋으시네요"라는 중개인의 영업 멘트를 들으며 땅을 보러 갔다. 땅을 직접 가서 보니 메인 도로에서 가까웠으면 좋겠다, 평지였으면 좋겠다, 버려지는 부분

　　　　　　　　　　　　　　전원주택 땅 구입

이 없는 직사각형이면 좋겠다는 등 평소 내가 생각하고 있던 여러 조건에 잘 부합해서 마음에 들었다. 하루 동안 고민을 한 후 땅을 구매하기로 마음먹고 다음 날 계약을 했다.

집을 짓기 위해서는 정확히 어디서부터 어디까지가 내 땅인지 경계를 확인하는 작업을 해야 한다. 이것을 경계측량이라고 한다. 그런데 경계측량을 받고 나서 깜짝 놀랐다. 부동산 중개인이 나에게 보여준 땅은 3번이 아니고 옆에 있는 4번이었다. 결론적으로 나는 4번 땅을 보고 마음에 들어 한 다음, 3번 땅을 산 것이 되었다.

땅을 보러 갔을 때 각각의 필지를 구분해 놓은 도면을 가지고 갔다. 물론, 도면을 확인하면서 땅도 봤다. 그러나 필지마다 정확하게 표시해 놓지 않으면, 도면만으로는 10M~20M 차이를 알아보기가 힘들 때가 있다. 아마 처음 분양할 때는 말뚝이나 락카 스프레이 등으로 각각의 필지를 구분해 놨을 것이다. 그러나 공사 차량이나 땅을 보러다니는 사람들이 오가면서 말뚝이 부서지거나 락카 스프레이가 지워진 것 같았다.

나는 처음 가보는 곳이니 정확한 땅의 위치를 못 알아본다고 해도 부동산 중개인은 손님들과 그 땅을 여러 번 가봤을 테니, 정확히 알고 소개해 주는 것이 당연했다. 그런데 땅을 중개해 주고 수수료를 받는 일을 하는 사람이 너무나

실제 필지, 도면을 보고 3번, 4번 땅을 구분할 수 있겠는가?

무책임하게 행동을 한 것이었다.

경계측량 비용으로 당시 약 60만 원 정도를 썼다. 간혹 경계가 너무나 명확해서 경계측량을 안 하는 경우가 있다. 반대로 경계가 명확하지 않은데도, 생략하고 집을 짓는 사람도 있다. 그 비용이라도 아껴보자는 심산이지만, 만약 나 같은 일이 발생했다면 자칫 남의 땅에 집을 지을 뻔한 일이 된다. 생각만 해도 아찔하다. 그러니 집 짓기 전 경계측량은 무조건 필수로 해야 한다.

다행히도 내가 땅을 산 그곳의 단지는 모든 필지가 평지였다. 그래서 내가 구매한 3번 땅이 4번 땅하고 위치만 10

전원주택 땅 구입

미터 정도 옆으로 밀렸을 뿐 똑같은 평지라서 그나마 다행
이었다. 그래도 정말 많이 당황스러웠다.

모든 부동산 중개인들을 다 싸잡아 말하는 건 아니지만, 이
런 부동산 중개인도 있다는 것을, 부동산 중개사 말만 100%
믿고 땅을 사면 절대 안 된다는 것을 꼭 명심해야 한다. 여
러모로 알아보고 크로스 체크하는 것이 가장 안전하다.

피하고 싶은 시설이 주변에 있는 땅

축사를 운영하는 사람들에게는 미안한 말이지만, 축사
근처에 있는 땅을 구입해 집을 짓게 되면 축사에서 나는 냄
새 때문에 창문을 열어 놓기가 어렵다. 공기 좋은 시골에서
창문도 못 열고, 환기도 못 한다는 것은 말도 안 되는 일이다.

한 번은 축사 근처 땅을 보러 간 적이 있다. 축사가 있는
지 알고 갔던 것은 아니고, 부동산 소개로 가보니 근처에
축사가 있었다. 보러 간 땅에서 직선거리로 약 50M 떨어
진 곳에 있었는데도, 냄새가 났다. 그때는 여름철도 아니었
다. 날이 더워지면 냄새는 더 심해진다. 냄새뿐만이 아니다.
파리나 벌레도 많이 꼬인다. 닭을 키우는 계사 주변의 땅도
마찬가지다. 여러모로 전원생활을 하기에는 적합하지 않다.

일반적으로 사람들이 꺼리는 묘지, 쓰레기 매립장, 유류
저장소가 근처에 있는 땅도 구입하지 말아야 한다. 혐오시

설은 말 그대로 혐오감을 주는 시설이다. 저녁에 별을 보기 위해 창문을 열었는데, 앞에 묘지가 보인다면? 괜히 오싹하다. 쓰레기 매립장도 당연히 미관상 안 좋을 것이고, 축사처럼 냄새도 날 것이다. 일반적으로 사람들이 꺼리는 시설 근처에 땅을 구입하면, 나중에 팔 경우에도 같은 이유로 팔기가 쉽지 않다.

혐오시설까지는 아니지만, 공장 주변의 땅도 좋지 않다. 주변에 주택보다 공장이 많이 밀집되어 있으면 일단 미관상으로 보기 좋지 않고 마을 분위기도 포근한 느낌이 들지 않는다. 공장마다 차이는 있겠지만 사료공장 주변에 사는 사람은 악취가 심하다고 말한다. 또 타이어 공장 주변에 사는 사람은 머리가 아플 정도로 고무 냄새가 독하다고 한다.

대형 물류 창고 역시 신중히 살펴야 한다. 굴뚝 산업처럼 직접적인 매연이나 악취를 풍기지는 않지만, 대형 화물차의 잦은 통행으로 인한 소음과 분진, 그리고 밤낮없이 켜진 야간 조명이 생활의 평온을 깨뜨릴 수 있다. 또한 거대한 창고 건물이 마을의 조망을 가로막아 전원생활 특유의 개방감 대신 삭막함을 주기도 한다.

고압 송전탑 주변에 있는 땅도 구입해서는 안 된다. '고압 송전탑이 들어선 이후, 마을 주민 대부분이 암에 걸렸다' 이런 기사를 본 적이 있다. '고압 송전탑 주변 암 환자'

　　　　　　　　　　　전원주택 땅 구입

로 검색해 보면 많은 기사가 보인다. 전자파와 암과의 정확한 연계성을 내가 논할 수는 없지만, 사람한테 안 좋은 것만은 분명하다.

근데, 이건 좀 다른 얘기긴 하지만, 송전탑 주변 땅을 매입하면 나라에서 지원금을 주기도 한다. 지인이 실제로 송전탑 주변 땅을 매입해 집을 지었는데, 송전탑 바로 근처는 아니었다. 그 집에서 보면 저 멀리 산 꼭대기쯤에 송전탑이 몇 개 보이는 정도의 거리였다. 그렇게 거리가 꽤 떨어져 있는데도 지인이 살고 있는 마을의 가구들은 지원금을 받는다고 했다.

정부에서 지원금을 주는 이유는 송·변전 설비 설치로 재산권 하락의 피해를 본 주민들에게 보상을 해준다는 명목이다. 하지만 내 생각으로는 아무리 지원금이 있다 하더라도, 그게 좋아 보여 땅을 사는 건 아닌 것 같다. 처음부터 고려하지 않는 것이 좋다.

골프장 주변 땅은 어떨까? 골프를 좋아하는 사람이라면 너무나도 마음에 드는 땅일 수 있다. 그러나 골프장 주변의 땅을 피해야 하는 이유는 농약 때문이다.

'골프장 농약'으로 검색해 보면 국어사전에 등록된 단어라는 것도 알게 된다. 처음에는 이 사실에 놀랐는데, 골프장 주변의 강에서 물고기가 대량으로 죽기도 한다는 것에 또

한 번 놀랐다. 골프장 농약과 관련되어 환경 오염에 대한 기사도 검색해 보면 생각보다 많이 나온다. (골프장 농약이란 고온 다습한 한국의 골프장에서 잡초를 억제하기 위해 잔디나 수목에 대량으로 사용하는 농약을 말한다. 이로 인해 캐디나 종업원이 피부병이나 눈의 통증 따위의 피해를 호소하기도 하고, 주변의 강에서 물고기가 대량으로 죽기도 한다.)

이전과 달리 요즘은 관리가 잘 되고 있다고 하지만 굳이 선택할 이유가 있을까? 내 집 앞 마당 같은 푸른 잔디? 그것도 하루이틀이고, 익숙해지면 별 감흥이 없다.

마지막으로 공항이나 공군기지 주변 땅도 권하고 싶지 않다. 그 이유는 예상하는 것처럼 비행기가 다닐 때 나는 소음 때문이다. 낮에 생활할 때는 조금 괜찮다고 하더라도, 여름밤에 창문을 열고 잘 때면 소음 때문에 깜짝깜짝 놀란다. 숙면에 방해가 되는 것은 물론이고, 그로 인한 스트레스도 많이 발생한다.

위치가 안 좋은 땅

지인 중 한 분은 도로 보다 낮은 땅을 구입해 집을 지었다. 마을 진출입로(지방도)보다 3m 정도 낮은 땅이었다. 앞에 개울도 흐르고 주변 풍광도 좋았다. 집은 3층으로 지었는데, 땅의 모양 때문에 1층과 마당이 도로보다 낮았다. 도

　　　　　　　　전원주택 땅 구입

로에서 보면 1층이 지하층이 되는 거고, 2층이 1층, 3층이 2층처럼 보이는 집의 구조였다.

건축가나 건축 설계사들은 독특하게 집을 지을 수 있어 이런 땅을 선호한다는 소리도 들어봤다. 그러나 독특하다는 것은 일반적이지 않다는 뜻이다. 일반적이지 않다는 것은 통상적으로 집을 지을 때보다 땅을 다듬는 토목 공사비나 집 짓는 건축비가 더 많이 들 수 있음을 의미한다.

비용도 비용이지만, 일단 장마철에 위험할 수 있다. 장마철에 너무 한꺼번에 많은 비가 쏟아지면, 도로 배수가 안 되는 경우가 왕왕 있다. 그럼 배수 안 된 그 많은 빗물은 어디로 갈까? 도로보다 땅이 낮은 집 마당으로 흘러 내려온다.

실제 몇 해 전 장마철에 정말 많은 비가 온 적이 있었다. 지인말로는 그때 도로에 쏟아진 빗물이 제대로 배수가 되지 않고, 마당으로 흘러 들어와, 석축 일부분이 무너져내렸다고 했다. 사람이 안 다친 것이 천만다행이었다. (석축은 돌이나 바위로 쌓아서 만든 옹벽이다. 산을 깎거나 흙을 모아서 건축물을 지을 토대를 쌓을 때 무너지지 않도록 가장자리를 돌로 쌓는다.)

이후 석축 보수공사와 보강공사를 하고, 도로에서 마당으로 물이 흘러 내려오지 못하도록 별도의 배수로를 만드는 공사를 했다. 전혀 생각하지도 못했던 부분에서 몇백만 원의 공사비가 나간 것이다. 그 외에도 도로보다 낮은 1층은 2층과 3층에 비해 많이 습하기도 하다.

산을 깎아 터를 만든 곳을 '절개지'라고 한다. 절개지 대부분은 지대가 높은 만큼 조망이 확보된다. 멋진 뷰를 싫어하는 사람은 없다. 절개지를 토목공사 해서 땅을 파는 업체들의 마케팅 키워드 역시 조망이다. 하지만 비가 많이 올 경우 산사태로 인한 붕괴 위험이 아주 크다. 이는 치명적인 단점이다. 개인적으로는 장마철이나 태풍으로 비가 많이 올 때 절개지에 있는 집을 보고 있으면 괜시리 불안하기도 하다.

또 절개지가 아니더라도 경사가 높은 지역도 피해야 한다. 경사가 20도 이상이면 개발 허가가 일단 나지 않는다. 허가가 난 경사지라 하더라도 별장이나 주말 주택 용도라면 괜찮을 순 있으나, 거주용 주택지로는 적합하지가 않다. 물론 경사지도 절개지처럼 지대가 높다 보니 경치는 좋다. 하지만 쓰레기를 버리거나 하는 이유 등으로 집 아래에 있는 도로까지 내려갔다가 다시 걸어 올라오려면 생각보다 꽤 힘들다.

시골에는 유치원버스나 스쿨버스가 다니기도 하는데, 버스가 집까지는 안 올라오니 아이와 함께 걸어 내려가 태워 보내고, 다시 걸어 올라와야 하는 일을 반복해야 한다. 이때 날이 덥거나 춥거나 하면 좀 괴롭다. 그러다 힘에 부치기 시작하면, 쓰레기 버리고 아이 배웅하는 얼마 안 되는 거리도 차를 이용하게 된다. 그런데 눈이 많이 오면, 이마저도 힘들다.

우리 집 근처 경사지에도 몇 채 집이 있다. 눈이 많이 오거나 올라가는 길이 얼어버리면 차가 집까지 올라가지를 못한다. 그런 날에는 도로에 차를 세워 놓고 집까지 걸어서 올라간다. 별장도 아니고 매일 생활하는 곳이 그렇다면 얼마나 불편하겠는가? 그래서 경사지는 거주용 땅으로 적합하지가 않다.

아파트에 살 때도 마찬가지겠지만, 전원주택에서 집의 방향은 엄청나게 중요하다. 남향의 중요성은 여러 번 강조했다. 정남향으로 집을 짓는 것이 가장 좋고, 약간 틀어지더라도 동남향이나 남서향으로 짓는 것이 좋다.

겨울철에 집에 햇빛이 어느 정도 들어오는지에 따라 난방비 차이가 크게 난다. "햇빛으로 뭐 얼마나 차이 난다고…" 생각할 수도 있겠지만 전세로 동향 전원주택에 살아본 경험에 의하면 남향집에 비해 차이가 컸다. 동향은 오전에 해가 잠깐 들어왔다가 오후부터는 해가 안 들어온다. 당시의 전셋집은 오래된 구옥이기도 해서 단열 성능마저도 떨어졌다.

동향도 그 정도인데, 만약 북향이라면 더 추웠을 것이다. 그리고 북향집은 낮에도 어둡다. 천창(채광이나 환기를 하기 위해 지붕에 낸 창)을 만들거나 건축적으로 풀어서 밝게 할 수는 있지만, 아무리 보완을 한다 하더라도 남향집을 따라 갈 수는 없다.

남쪽에 산이나 절벽이 있어 집을 북향으로밖에 지을 수 밖에 없는 땅도 있다. 조망을 위해서나 도로의 위치 등 특수한 경우 때문에 북향으로 집을 지어야 하는 땅이다. 내 생각으론 아무리 좋은 조망이 보장된다 하더라도, 북향으로 집을 지어야 하는 땅이라면, 깨끗이 포기하는 것이 낫다. 멋진 풍광도 매일 보다 보면 만족감이 그리 오래가지 못한다.

그리고 누구의 간섭도 누구의 시선도 의식하지 않는 전원생활을 꿈꿔, 일부러 마을과 뚝 떨어진 땅을 구입해서 집을 짓고 나홀로 생활하는 사람도 있다. 이런 것도 매력은 있다. 시골에서 오래 살아 봤거나, 《나는 자연인이다》에 나오는 자연인들처럼 생활할 자신이 있다면 말이다. 그러나 그렇지 않은 사람이 이런 선택을 한다면 다시 도시로 돌아갈 확률이 매우 높다.

그러면 전원주택 단지처럼 집들이 모여 있는 곳이 좋을까? 꼭 그것도 아니다. 다만, 혼자만 동떨어져 전원생활을 한다면 많이 무섭기도 하고 많이 외로울 수 있다. 특히 처음하는 전원생활이라면 더더욱 그렇다. 또 위급한 상황이 발생했을 때나 일손이 필요할 때도 도움을 받기도 힘들다.

이외에도 전기 사용을 위해서는 전력선을 끌어올 전신
주도 설치해야 한다. 전신주는 한전에서 일정 거리 안에 있
으면 무료로 설치해 주지만, 그 길이를 벗어나면 별도의 설
치 비용을 내야 한다. 앞에서 말한 적 있는 인터넷과 케이
블 방송을 보기 위해 필요한 통신주와 비슷하다. 그리고 집
에서 중심 도로까지 가는 길의 제초 작업이나 제설 작업도
혼자 해야 한다. 이런 이유로 전원생활 고수가 아니고서야
혼자 동떨어진 땅을 구입해 집 짓기 하는 것을 추천하고 싶
지는 않다.

바닷가 앞에 하얗고 예쁜 집을 짓고 사는 자신의 모습,
한 번쯤 상상해 봤을 것이다. 강이나 호수, 바다를 조망할
수 있는 곳은 누가 봐도 상당히 매력적이다. 그만큼 다른
곳에 비해 평당 가격도 비싸다. 그런데 어느 정도 거리를
두고 강이나 바다를 조망하는 곳이 아니라 바로 앞에 있는
땅이라면 이야기가 조금 다르다.

일단 벌레 문제가 있다. 물가에 사는 작은 날파리 같은
곤충은 일반적으로 사용하는 방충망으로는 막을 수가 없
다. 간격이 좀 더 촘촘한 미세 방충망을 설치해야 한다. 그
런데 간격이 촘촘할수록 바람은 잘 통하지 않는다. 태풍 등
자연재해로 지대가 물에 잠기는 일도 발생할 수 있다. 요즘
은 기후 위기라고 해서 예측할 수 없는 일이 정말 많이 벌

147

어진다.

물가는 높은 습도 때문에 빨래 건조도 금방 되지 않는다. 높은 습도는 불쾌지수를 높게 한다. 습도가 높으면 집안 구석구석 곰팡이도 잘 핀다. 바닷가는 염분 때문에 각종 공구나 장비에도 녹이 잘 선다. 군 생활을 해군에서 군함을 타고 바다에서 복무했는데, 염분 때문에 장비들이 부식되는 걸 자주 봤다. 물가는 누구나 꿈꾸는 낭만적인 땅이지만, 생활하기에 불편한 요소들이 생각보다 많다.

땅을 사거나 전원주택을 매입하는 것은 전원생활의 시작을 말한다. 후회하지 않으려면 좋은 땅 혹은 좋은 집이 필수다. 모든 조건을 다 만족시키는 땅을 찾는 건 쉬운 일이 아니다. 아니 없다. 좋은 땅이면 가격도 비싸고, 피하라고 하는 땅은 상대적으로 저렴하다. 그래서 예산도 맞춰야 하고, 피할 것도 피하면서 어느 정도 타협하며 결정해야 한다. 그 선택이 어렵다.

하지만 나는 꼭 이것만은 말하고 싶다. 건강에 나쁜 영향을 주는 곳만은 반드시 피해야 한다고. 가족이 모두 건강하게 살 수 있는 땅만큼 중요한 것이 없다고 생각한다. 그런 곳은 어떤 곳일까? 다음 글에서는 내게 맞는 땅 찾는 법을 얘기해 보려고 한다.

     전원주택 땅 구입

12

내게 맞는 땅 찾는 법

전원주택 땅 구입2

어떤 땅을 원할까? 부동산 중개사가 손님들에게서 가장 많이 듣는 말이 "싸고 좋은 땅 없어요?"란 소리다. 그럼 싸고 좋은 땅이 있을까? 그런 땅은 없다. 당연한 얘기겠지만 싸면 싼 대로, 비싸면 비싼 대로 다 이유가 있다.

그러면 가격은 일단 내 형편에 맞춘다고 생각하고, 나머지 '좋은 땅' 조건만 살펴보자. 그리고 여기에 하나 더해서 '나에게 그리고 우리 가족에게 좋은 땅'이란 어떤 땅인지도 함께 생각해 보자.

좋은 땅은 결국 사람들이 무엇을 중요하게 생각하는지를 보면 된다. 가격을 제외하고서는 크기, 조망, 도시 접근성, 생활 편의 인프라 등이다. 하나씩 살펴보자.

가격과 땅의 크기

그래도 가격에 대한 얘기를 안 할 순 없다. 사람들이 가격을 왜 중요하게 생각하는지는 굳이 설명을 안 해도 될 것 같다. 저렴하면 누구나 좋아하지, 싫어하는 사람은 없다. 그러나 주변 시세보다 유독 싸다면 한 번쯤 의심해 봐야 한다. 바로 앞에서 언급했던 '집 짓기 위해 절대 사지 말아야 할 땅' 중 하나일 수 있기 때문이다.

그리고 땅의 크기도 중요하다. 내가 전세로 살았던 집은 땅 100평, 20평대로 지어진 집이었다. 살아보니 100평은 좀 작다는 느낌이 들었다. 마당도 작고 옆집과의 거리도 너무 가까웠다. 내 생각으론 150평~200평 정도가 적당하다. 마당의 크기도 어느 정도 나오고, 그렇다고 너무 큰 것도 아니라서 관리 면에서도 수월하다. 약 10년 전 내가 땅을 구입했을 당시에 단지형으로 지어지는 전원주택 필지는 딱 그 사이즈로 나눠서 많이 팔았다. 내가 처음 구입한 땅도 202평이었다.

근데 최근에는 100평~150평 정도로 한 필지의 크기를 예전보다 좀 더 작게 나누어 판다. 사람들이 10년 전에 비해 작은 땅을 더 선호하게 된 것일까? 아니다. 그 이유는 땅값 상승도 있지만, 건축비가 예전보다 많이 상승했기 때문이다.

많은 사람이 전원주택을 짓거나, 지어진 전원주택을 구입할 때 가격 저항선이란 것을 가지고 있다. 사람마다 가격 저항선은 다르겠지만, 대략 5억 원이라고 가정해 보자. 쉽게 말해 "내가 5억 원까지는 쓰겠는데 그 이상이 들면 난 전원생활 포기!" 이런 의미이다. 이런 경우, 땅을 구입하는 데 2억 원 들고, 집을 건축하는데 3억 원이 든다면, 예산 내에 들어오니 계약 진행이 가능하다. 그런데 건축비가 올라 같은 평수의 집 짓기에 4억 원이 든다면, 땅값 포함해서 총 6억 원이 되어, 결국 예산을 벗어나게 된다.

이처럼 이미 상승한 건축비를 낮출 수는 없으니 한 필지의 크기를 줄여서 땅을 판매한다. 당연히 부동산 업체들은 이런 사람들의 심리를 이용해 마케팅을 한다. 계약이 가장 많이 일어날 수 있는 금액대를 분석하고 그 금액대에 맞는 상품을 기획하고 만든다.

사도 되는 땅

이어지는 내용은 앞서 "사면 안 되는 땅"의 반대로 보면 된다.

땅을 고를 때 "다른 건 다 필요 없고 난 조망만 좋으면 돼"라고 말하는 사람도 많다. 하지만 멋진 조망이라도 여러 해 동안 계속 보면 처음과 다르게 무감각해진다. 또 해가

　　　　　　　　　　　　　　　　　　2부. 전원생활의 시작

잘 들어오는지 일조량도 확인해야 한다.

계절마다 해의 높낮이가 다르다는 것은 다들 알 것이다. 해는 여름에 가장 높게 뜨고 겨울에 가장 낮게 뜬다. 앞에 높은 산이 있다면 여름에는 해가 높게 떠서 햇빛이 잘 들어오는데, 겨울에는 해가 산에 가려져 땅에 그늘이 질 수도 있다. 그런 땅은 아무래도 추울 수밖에 없다.

직접 눈으로 확인하는 것이 가장 좋지만, 겨울까지 기다릴 수 없다면 Sun Surveyor(선 서베이어) 앱의 '3D 뷰'나 'AR(증강현실) 뷰' 기능을 통해 특정 날짜와 시간의 태양 위치를 시뮬레이션 해봐도 된다. 예를 들어 12월 30일로 날짜로 설정하면, 겨울철 태양이 뜨고 지는 경로와 고도를 현재 풍경 위에 띄워 볼 수 있다(일부 기능 유료).

은퇴한 사람과는 다르게 도시로 매일 같이 출퇴근하는 사람이라면 도시 접근성이 매우 중요하다. 대중교통을 이용하든, 자가용을 운행하든 출퇴근이 쉬운 지역을 선호해야 한다. 또 큰 병원을 자주 다녀야 하는 사람도 도시 접근성을 매우 중요하게 생각할 수밖에 없다. 자녀 교육 때문에 도시 인근의 전원주택 부지를 선호하는 사람도 있다. 이런 니즈들을 고려하게 되면 지하철역이 근처에 있는 지역이면 좋다. 게다가 걸어서 갈 수 있는 거리의 땅이라면 금상첨화다. 내 예산만 맞다면 전원생활과 도시 인프라를 이용할 수

    전원주택 땅 구입

있는 좋은 땅이 된다.

생활 편의 인프라를 중요하게 생각하는 사람들도 있다. 생활 편의 인프라에는 여러 가지가 있다. 전신주가 가까이 있어 전기 인입이 쉬운 곳, 버스가 다니는 넓은 도로가 있는 지역 등이다. 도로는 도시처럼 왕복 6차선, 8차선 같은 넓은 도로를 말하는 것은 아니다. 양방향으로 차가 수월하게 다닐 수 있는 도로를 말한다. 그리고 버스가 다닌다는 것은 유동 인구가 많다는 소리이기도 하다. 당연히 적은 곳보다 발전 가능성도 높다. 그러면 생활 편의 인프라도 서서히 더 좋아진다.

왕복 1차선만 있어서 맞은편에서 차가 오면 피해줘야 하는 길도 많다. 지인 집에 가는 도로가 그렇게 되어 있었다. 좁은 길에서 차를 만나게 되면, 누가 차를 빼줄 것인지 묘한 신경전이 일어난다. 별것 아닌 것 같지만 안하무인격으로 무조건 밀고 들어오는 차를 만나면 솔직히 불쾌하다. 또 운전이 서툴다면 무척 난감한 상황이 되기도 한다.

아이가 있는 집이라면 근처에 유치원이나 학교가 있는지도 중요하다. 그리고 스쿨버스 운행 여부도 확인해야 한다. 아이를 직접 차로 통학시키는 것도 매우 번거로운 일이기 때문이다. 근처에 큰 마트가 있는지, 있다면 집까지 배달 서비스도 해주는지 등도 체크하면 좋다.

그리고 상수도가 들어오는 땅인지 지하수를 파야 하는 땅인지도 봐야 한다. 만약 지하수를 파야 하는 상황이라면, 별도의 관정 공사를 해야 한다. 순서는 "사전 조사 → 허가 또는 신고 → 굴착 공사 → 양수 시험 → 완료 신고" 순으로 진행이 된다. 보통 시공사에서 행정 업무는 대행해 준다.

지하수 관정은 굴착 지름과 깊이에 따라 소공, 중공, 대공이라고 부른다. 지름과 깊이는 지자체 허가 기준에 따라 차이가 있을 수 있다. 얕게는 몇십 미터부터 깊게는 몇백 미터까지 파기도 한다. 깊이 팔수록 비용이 많이 발생한다. 지금 살고 있는 우리 집은 대공으로 지하수 공사를 진행했고 깊이는 약 150m를 팠다. 공사 비용만 약 천만 원이 들었다(2021년 기준).

합리적 선택법

땅은 한 곳만 보고 와서 바로 선택하는 사람은 없다. 대부분 여러 개의 땅을 본 다음, 그중에 가장 마음에 드는 곳을 선택한다. 그런데 여러 곳을 보게 되면 A땅은 이런 점이 좋고, B땅은 저런 점이 좋은 것 같고, C땅은 다 좋은데 너무 비싼 것 같고, 갈팡질팡 선택에 대한 고민을 하게 된다.

이럴 때는 위에 언급한 다섯 가지 항목을 표로 한번 만들어 보면 좋다. 본인이 더 중요하게 생각하는 항목이 있다

　　　　　　　　　　　전원주택 땅 구입

면 가감해도 좋다. 그래서 각각의 땅에 5점 기준이던 10점 기준이던 점수를 부여해 보는 것이다.

세 개의 땅을 보고 왔다고 가정하고 5점 기준으로 예를 들어 보겠다. A땅은 다른 지역에 비해 가격이 저렴해 4점, 땅의 크기는 좀 작아서 2점, 조망은 보통이라 3점, 도시 접근성은 불편해 2점, 생활편의 인프라도 좋지 않아 2점, 이런 식으로 점수를 부여했다.

구분	A땅	B땅	C땅
땅의 가격	4	3	3
땅의 크기	2	3	1
조망 및 일조량	3	2	2
도시 접근성	2	1	3
생활편의 인프라	2	2	3
합계	13	11	12

이렇게 해보면 점수가 가장 높은 것이 A땅임을 알 수 있다. 그럼 A땅이 가장 좋은 땅일까? 여기서 한 번 더 가중치를 체크해야 한다. 이유는 사람마다 상황과 성향은 다 다르기 때문이다. 누군가는 아이가 있어 생활편의 인프라가 중요하고, 누군가는 조망이 가장 중요한 요소일 수 있다. 도시

2부. 전원생활의 시작

로 출퇴근을 하는 사람은 도시 접근성이 가장 중요하다. 사람마다 중요하게 생각하는 것이 다 다르다. 그래서 각각의 항목에 가중치를 부여해 보는 것이다.

구분	가중치	A땅	B땅	C땅
땅의 가격	2	4x2	3x2	3x2
땅의 크기	1	2x1	3x1	1x1
조망 및 일조량	2	3x2	2x2	2x2
도시 접근성	3	2x3	1x3	3x3
생활편의 인프라	3	2x3	2x3	3x3
합계		28	22	29

예를 들어, 예산이 여유가 있다면 가격에 2점, 땅은 작아도 상관 없어서 1점, 조망은 보통이니 2점, 매일 출퇴근해야 하니 도시 접근성은 3점, 아이가 있다면 생활편의 인프라에 3점, 이렇게 가중치를 준다. 그리고 각각의 점수에 가중치를 곱해서 합산해 본다. 중요 3점, 보통 2점, 중요하지 않다 1점 식으로 말이다.

가중치가 없었을 경우 A땅이 가장 높은 점수가 나왔는데, 가중치를 부여했더니 C땅이 가장 높은 점수가 나왔다. 그렇게 보면 A땅 보다 C땅이 나와 우리 가족에게는 더 알

 전원주택 땅 구입

맞은 땅일 수 있다. 지금은 세 개의 땅으로 예를 들었지만 실제는 이보다 훨씬 많은 땅을 보러 다니게 된다.

물론, 위와 같은 방법이 100% 정답일 수는 없다. 하지만 여러 개의 땅을 보고 와서 머릿속으로만 생각하면 정리가 잘 안되는데, 이런 식으로 수치로 시각화 해놓으면 선택에 도움이 된다.

부동산 중개사와 처음 땅을 보러 다니게 되면 많이 당황할 수 있다. 이미 토목공사가 완료되어 깔끔하게 정리된 땅도 있는가 하면, 논밭을 보여주면서 이 땅이라고 하기도 하고, 잡초가 우거진 곳 또는 산 중턱을 손가락으로 가리키며 "저깁니다!"라고 말하기도 한다. 어디서부터 어디까지 매물로 나온 땅이란 건지 도무지 알기도 어렵다. 이러다 무슨 사기라도 당하는 거 아닌가 싶기도 하다. 그렇지만 너무 걱정할 필요는 없다. 계속 땅을 보러 다니다 보면 안 보이던 땅이 점점 보이기 시작한다.

반복하는 얘기지만, 좋은 땅이란 다른 사람들과 동일한 시선으로 동일한 기준으로 찾는 것은 아니다. 나와 우리 가족의 상황과 라이프 스타일에 부합하는 곳이 가장 좋은 땅이다.

157　　　　　　　　　　　　　　

13

건폐율은 뭐고, 용적률은 뭐지?

전원주택 짓기1

집 지을 땅을 보기 위해 부동산에 방문하면 도시에서 집 계약할 때는 전혀 듣지 못했던 생소한 용어가 난무한다. 예를 들어 부동산 중개사와 땅을 보러 갔는데, 이렇게 말한다고 가정해 보자.

"사장님, 이 땅은 계획관리 지역이라 아까 본 보전관리 지역보다 평당 가격이 좀 더 비싸요. 그래도 보전관리 지역보다 좋으니까 저는 이 땅을 추천해 드려요."

무슨 말인지 못 알아들었다면, 이렇게 다시 물어볼 것이다.

"왜 더 비싸고, 뭐가 좋다는 거죠?"

그러면 부동산 중개사가 다시 이렇게 얘기한다.

"계획관리 지역이니까 건폐율도 40%고 용적률도 100%까지 되니까 보전관리 지역보다 당연히 가격은 비싸고 활용도는 좋죠."

이 말이 100% 이해가 된다면 이번 글은 넘어가도 된다. 그런데 그렇지 않거나 대충은 알겠는데 정확히는 모르겠다고 생각한다면, 이번 글을 천천히 끝까지 잘 읽어 보길 바란다.

땅 살 때 꼭 알아야 할 '용도지역'

일단 부동산 중개사들은 본인들이 업무에 자주 사용하는 말이고, 땅을 알아보러 오는 사람이니 상대방도 알거라 생각한다. 하지만 이제 처음 집 짓기를 위해 땅을 보러 다닌다면, 모르는 것이 너무나 당연하다. 나도 전원주택을 짓기 전까지는 대충만 알았지 정확한 뜻은 몰랐다.

땅을 보러 다닐 때 이런 용어를 제대로 모른다면 부동산 중개사와의 의사소통에 오류가 생긴다. 무슨 뜻인지 몰라 답답하기도 하고, 한편으론 무슨 잘못한 것도 없는데 괜히 위축되는 마음이 들기도 한다. 하지만 전원주택을 짓기 위해선 반드시 알아야 하는 내용이니 차근히 살펴보자.

땅은 용도에 따라서 도시지역, 관리지역, 농림지역, 자연환경보전지역으로 구분한다. 각각에 대한 설명은 굳이 하지 않겠다. 지금은 부동산 중개사가 했던 말을 이해하는 데 필요한 관리지역 부분만 설명하겠다.

관리지역은 다시 계획관리지역, 보전관리지역, 생산관리지역 이렇게 세 개로 나뉜다. '계획관리지역'이란? 도시지역으로의 편입이 예상되는 지역 또는 자연환경을 고려하여 제한적인 이용·개발을 하려는 지역으로서 계획적·체계적인 관리가 필요한 곳이다. 대략 어떤 땅인지 그림이 그려지는가?

알아야 할 중요 포인트는 계획관리지역은 건폐율이 최대 40% 이하 용적률은 50%에서 100% 이하이고, 보전관리지역과 생산관리지역은 건폐율이 최대 20% 이하 용적률은 50%에서 80% 이하, 라는 것이다. 일단 보전관리지역과 생산관리지역에 비해 계획관리지역이 퍼센트가 높다는 것만 기억해 두자. 이제 방금 전에 말한 '건폐율'과 '용적률'이 무엇인지만 알면 된다.

용도지역별 건폐율·용적률

건폐율이란 대지 면적에 대한 건축 면적의 비율을 말한다. 이 말을 풀게 되면 내가 가진 땅에 집 짓는 용도로 최대 몇 평까지 쓸 수 있다는 의미이다.

내가 땅을 100평 가지고 있고, 그 땅의 건폐율은 20%,

 전원주택 짓기

용적률은 60%라고 가정하자. 그러면 그 땅에 집을 짓기 위해 사용할 수 있는 땅의 최대 평수는 100평의 20%인 20평이다. 나머지 80%에 해당하는 80평은 마당이나 주차장, 텃밭 등으로 사용해야 한다.

땅이 200평이라면 집 짓기 위해 사용할 수 있는 최대 땅의 평수는 어떻게 될까? 건폐율이 20%니까 40평까지다. 300평이면 60평까지 사용할 수 있다. 현장에서는 이것을 '바닥 면적' 또는 '건축 면적'이라고 한다.

"나는 집을 작게 만들 계획이야"라고 생각해서 건폐율 20%를 다 사용하지 않고 15%만 사용했다면 그것은 아무 문제가 되지 않는다. 나머지 5%는 나중에 증축이 필요할 경우에 사용하면 된다. 즉 건폐율보다 작게 사용하는 것은 상관이 없지만, 초과해서 집을 지으면 불법이 된다.

그리고 한 가지 더 헷갈리지 말아야 하는 것이 있다. 건폐율에서 말하는 몇 평이 아파트에서 말하는 집의 전체 크기가 아니라, 집을 짓기 위해 사용할 수 있는 땅의 크기를 얘기한다는 것이다. 집을 이층 혹은 삼층으로 짓는다면, 이는 건폐율(집을 지을 수 있는 크기) 안에서 내가 올리면 된다.

그러면 건물을 올려서 집의 전체 평수를 늘리는 것에는 제한이 없을까? 당연히 있다. 그게 바로 용적률이다. 아까 건폐율이 20%였던 100평의 땅을 다시 소환해 보자. 그 땅

    2부. 전원생활의 시작

의 용적률은 60%이다. 그럼, 그 땅에는 최대 60평 크기의 집을 지을 수 있다는 소리다.

이제 두 개를 합쳐서 보자. 땅을 100평 가지고 있고, 그 땅의 건폐율은 20%이니 20평이고 용적률은 60%다. 그러면 집은 최대 60평까지 지을 수 있다. 그럼 1층 20평, 2층 20평, 3층 20평으로 집을 지어, 총 60평까지 집을 지을 수 있다는 뜻이 된다. 이런 집 전체 평수를 현장에선 '연면적'이라고 한다.

전원주택을 소개하는 글을 보면 '건축 개요'란 것이 있다. 대지면적, 건축면적, 연면적, 구조, 외장재, 내장재, 지붕재, 창호 등 건축에 대한 주요 내용을 적어 놓는다. 앞서 설명한 집이라면 이렇게 적혀 있게 된다. "대지면적 100평, 건축면적 20평, 연면적 60평."

자, 이번에는 똑같이 땅이 100평 있는데, 이 땅은 건폐율이 40%이고 용적률이 100%이다. 최대 크기로 집을 지으려면 어떻게 지을 수 있을까? 1층 40평, 2층 40평, 3층 20평으로 설계해 총 100평짜리 집을 지을 수 있다. 만약 3층을 1층과 2층처럼 40평으로 짓게 되면, 다 합쳐서 집의 전체 평수가 120평이 되니, 용적률을 어겨 불법이 된다.

건폐율 20%에 용적률 60%가 적용되는 땅이 바로 보전관리지역이나 생산관리지역이다. 후자에 말한 건폐율 40%

　　　　　　　　전원주택 짓기

에 용적률 100%가 적용되는 땅이 계획관리지역이다. 땅의 평수가 같더라도 건폐율과 용적률이 높으면 집을 지을 때 땅을 더 효율적으로 사용할 수 있다. 그래서 보전관리지역과 생산관리지역보다 계획관리지역이 집을 지을 때 더 유리하다.

부모님이 거주할 집을 짓는다고 가정해 보자. 집을 2층이나 3층으로 짓게 되면, 올라가고 내려오는 계단이 필요하다. 무릎이 안 좋은 부모님에게는 살기에 불편한 구조다. 그래서 40평 규모의 단층집을 짓기로 했다.

그럼 단층으로 40평을 지으려면 땅이 몇 평이나 필요할까? 구입하려는 땅이 계획관리지역이라면 건폐율이 40%이니까 땅을 100평만 구입해도 집을 지을 수 있다. 그런데 건폐율이 20%인 보전관리지역이나 생산관리지역이라면 땅을 200평 구입해야 집을 단층으로 40평 크기로 지을 수 있다.

계획관리지역의 땅값이 집을 지을 때 활용도가 더 좋기에 보전관리지역이나 생산관리지역보다 조금 더 비싼 경우가 많다. 계획관리지역의 땅이 평당 150만 원에 나왔고, 보존관리지역의 땅이 평당 100만원에 나왔다고 하자. 40평 단층집을 짓는데 계획관리지역이라면 100평의 땅만 구입하면 되니까 1억5천만 원이 필요하다. 보존관리지역이라면

2부. 전원생활의 시작

200평의 땅이 필요하니 땅 구입에 2억 원이 소요된다. 마당의 크기나 다른 부분을 제외하고 건물 위주로만 본다면 40평 단층집을 계획관리지역에 지으면 보존관리지역에 지을 때 보다 예산을 5천만원이나 더 절약할 수 있다.

내 라이프스타일에 맞는 땅 찾기

"나는 집은 작게 짓고 마당을 넓게 쓸 계획이다. 그러니 굳이 건폐율이 높은 땅일 필요는 없어." 이런 생각을 하는 사람이라면 반드시 계획관리 지역의 땅을 살 필요가 없다. 반면 "나는 부모님과 같이 살 집을 지으려고 한다.""음악실이나 영화감상실을 따로 만들고 싶다.""공방이나 별채를 짓고 싶다." 이런저런 이유로 집의 전체 평수를 크게 지으려 한다면, 건폐율과 용적률이 높은 계획관리지역이 좀 더 적합하다.

여기서 팁을 하나 주자면, 건폐율이 20%, 용적률이 60%인 땅이 100평 있다고 하자. 이 땅에 나는 80평의 집을 짓고 싶다면 어떻게 해야 할까? 앞서 이야기한 것으로 보자면 건폐율이 20% 이니까 1층, 2층, 3층 모두 20평씩 지으면 총 60평이 된다. 이미 용적률을 다 사용한 것이다. 근데 여기에 지하공간을 만드는 방법이 있다. 지하공간으로 20평을 더 만드는 것은 용적률에 포함되지 않는다. 그러니까 집을 크게 짓고 싶은데 용적률이 부족하다면 음악실이나, 영화감상실 혹은 가족 취미실과 같은 공간을 지하에 만들면 된다. 결국 지하 20평, 1층 20평, 2층 20평, 3층 20평을 합해 총 80평의 집을 지을 수 있다.

길게 얘기했지만, 결론은 간단하다. 본인의 라이프 스타일이나 자금 등 여러 가지 상황에 맞는 땅을 먼저 머릿속에 그려 보는 것이 좋고, 그런 다음, 그에 맞는 땅을 찾는 것이 좋다. "어디 좋은 땅이 나왔다" 소리만 듣고 아무 땅이나 보러 다니는 것보다는 더 의미 있는 시간이 될 것이고, 원하는 땅을 찾기에도 더 현명한 방법이 된다.

여기에서 한 가지 더 체크해야 할 것이 있다. 같은 계획관리지역이나 보전관리지역, 생산관리지역이라도 지역마다 건폐율과 용적률 차이가 있다. 그래서 정확한 건폐율과 용적률은 땅을 구매하고자 하는 지역의 군청 등으로 문의해야 한다. 그리고 구입하려는 땅이 계획관리지역인지, 보전관리지역인지, 생산관리지역인지는 직접 확인해 볼 수 있는데, 토지이음 홈페이지(eum.go.kr)를 이용하면 된다. '토지이용계획 〉 토지이용계획열람' 메뉴에서 구입하려는 땅 주소만 입력하면 쉽게 확인할 수 있다.

처음으로 돌아가서, 부동산 중개사가 했던 말을 다시 한

번 살펴보자.

"사장님, 이 땅은 계획관리 지역이라 아까 본 보전관리 지역보다 평당 가격이 좀 더 비싸요. 그래도 보전관리 지역보다 좋으니까 저는 이 땅을 추천해 드려요." "계획관리 지역이니까 건폐율도 40%고 용적률도 100%까지 되니까 보전관리 지역보다 당연히 가격은 비싸고 활용도는 더 좋죠."

이제는 이해가 좀 되는가? 설명을 위해서 예로 든 것이 조금 억지스러울 수도 있지만, 모쪼록 땅을 구입하기 전 알아 둔다면, 좋은 땅 구입에 도움이 될 것이다.

 전원주택 짓기

14

건축 공정 이해하기

전원주택 짓기2

땅은 해결했으니 이제 건물 올리는 일만 남았다. 마찬가지로 하나씩 살펴보자.

내 집을 짓는데 단순히 "시공사에서 다 알아서 해주겠지!" 이렇게 생각하는 사람은 없다. 만약, 그렇게 생각한다면 그건 매우 위험한 생각이다. 통상은 "내 집인데 내가 좀 더 꼼꼼하게 체크하자!" 이렇게 생각한다. 그러나 막연하게만 알고 있는 것이라면, 사실 별다른 도움이 되지 않는다. 그렇다고 매일 현장을 방문한다고 해서 꼼꼼하게 체크되는 것도 아니다.

가장 중요한 것은 건축주인 본인이 집 짓는 전체 공정을 먼저 이해하고 있어야 한다는 것이다. 그래야 좀 더 효율적인 체크와 관리를 할 수 있다. 예를 들어, 전기공사를 하는 공정일 경우에는 콘센트 위치와 개수가 설계 도면과 일치하는지 확인해야 한다. 설계 도면에는 없지만 콘센트를 추가할 곳은 없는지도 확인해야 한다.

또 전체 공정을 알고 있으면 시공사 또는 현장 소장과 커뮤니케이션 할 때도 도움이 된다. 현장 소장의 말로는 작게는 20개에서 많게는 100개의 과정으로 세분된다고 한다. 하지만 이렇게까지 건축주가 일일이 다 알 필요는 없다. 그것보다 좀 더 큰 단위로 공정을 묶어서 봐도 된다.

공정별로 주의 깊게 체크해야 항목은 각각 다르다. 그래서 '공정별로 체크 리스트'를 만들고 이를 중심으로 확인하는 것이 좋다. 그러면 집을 다 짓고 나서 아쉬워하는 부분도 최소화되고, 놓치는 부분도 없게 된다.

나는 목조로 집을 두 번 지어봤다. 다른 구조보다 더 잘 아는 구조이기에 목조주택을 기준으로 이야기해 보겠다. (철근콘크리트 구조나 스틸 구조의 집도 공정 과정은 대동소이하다.)

집 짓는 순서는 크게 보면 "기초 공사 → 골조 공사 → 외장 공사 → 내장 공사 → 마무리 공사" 총 5개의 공정으로 나눠진다. 그럼 이제 각각의 공정에 어떤 공사가 있는지 살펴보겠다.

첫 번째 집 첫 삽을 뜬 날

그전에 중요한 것 한 가지! 먼저 공사를 시작하기 전에 지자체에 착공 신고를 해야 한다. 공사를 착수하겠다는 의미이다. 착공 허가가 떨어지기 전에는 작은 삽질 하나라도 해서는 안 된다. 착공 허가가 떨어지고 나서야 비로소 집을 지을 수 있다.

기초 공사

기초 공사는 말 그대로 집을 짓기 위해 땅에 기초를 잡

　　　　　　　　　　　　　2부. 전원생활의 시작

버림 콘크리트

기초 매트

전원주택 짓기

는 공사다. 기초 공사에는 바닥 경시 작업, 규준틀 작업, 터 파기 작업, 잡석 깔기 작업, 버림 콘크리트 타설 작업, 기초 매트 작업 등이 있다.

바닥 경시 작업은 가장 먼저 땅을 정리하는 것을 말한다. 집 지을 땅에는 잡초도 무성하고 돌도 많다. 이를 깨끗히 정리하는 것을 말한다. 규준틀 작업은 집이 세워질 위치, 땅파기의 너비 등을 말뚝과 줄, 래커 스프레이 등을 이용해 표시하는 작업이다.

다음으로 집을 지을 부분의 땅을 굴착기로 파는 터파기를 한다. 만약 집 지을 땅이 물컹거리거나 평탄화가 안 되어 있으면 어떻게 되겠는가? 집이 기울어지게 된다. 이런 일을 방지하기 위한 것이 터파기다. 보통 집을 짓기 위해 "첫 삽을 떴다"라는 표현은 보통 이를 두고 하는 말이다.

이제 터를 파 놓은 땅에 잡석을 깔고 다져준다. 그리고 콘크리트를 부어 집 지을 부분의 땅을 단단하고 평평하게 만든다. 이 작업이 버림 콘크리트 타설이다.

이렇게 바닥 작업이 완료되면, 그 위에 상하수도 배관, 전기 배관, 통신설비 등을 설치한다. 그리고 철근을 배근해 (엮어) 주고 거푸집을 만들고 콘크리트 타설을 진행한다. 이것이 기초 매트 작업이다. 거푸집에 콘크리트를 부어준 뒤 굳는(양생) 데 걸리는 시간은 약 1주일 정도다. 콘크리트가 다 굳고 거푸집을 제거해 주면, 기초 공사가 완료된다.

기초 매트의 콘크리트 높이(땅에서부터 1층 바닥까지의 높이)에 대해서는 시공하는 사람마다 의견이 분분하다. "40전이면 충분하다"부터 "60전은 되야 한다" "집 지으려면 100전은 기본이다" 등 의견이 갈린다. 현장에서 말하는 '전'이란 센티미터로 이해하면 된다. 40전은 40cm의 높이다. 높이가 높을수록 들어가는 콘크리트의 양이 많으므로 공사비가 올라간다. 참고로 나는 60전 높이로 기초 매트 작업을 했다.

그리고 상수도가 들어오지 않는 지역이라면 지하수 공사도 함께 해야 한다. 보통 기초 공사가 진행되는 시점에 지하수 공사도 함께 진행한다.

골조 공사

기초 공사가 마무리되면 골조 공사를 시작하게 된다. 골조 공사는 말 그대로 집의 뼈대를 세우는 작업이다. 철근콘크리트, 목재, 스틸, 벽돌, ALC 등의 자재 중 건축주가 선택한 자재로 건축 구조를 만든다.

그동안 집에 별로 관심이 없었던 사람은 이런 착각을 많이 한다. 가장 흔한 예가 집의 외장재를 보고, 건축 구조를 판단하는 것이다. 외장재가 나무로 마감된 집이면, 그 집을

   전원주택 짓기

골조 공사

목조주택이라고 생각한다.

이미 집을 지어본 사람이라면 "에이~ 설마 그런 사람이 있을까?" 이렇게 생각할지도 모르겠지만, 실제로 내 주변을 보면, 오해하는 사람이 꽤 많다. 철근콘크리트로 뼈대를 세우고 외장재를 나무로 마감할 수도 있고, 나무로 뼈대를 세우고 외장재를 벽돌로 마감할 수도 있다. 즉, 집의 건축구조는 외장재가 아닌 골조, 뼈대를 세우기 위해 사용한 자재로 구분된다.

집의 뼈대를 만들고 지붕까지 만들고 나면, 목조 주택의

투습 방수지

경우 벽면에 투습 방수지를 시공한다. 투습 방수지는 습기
는 투과하고 물은 막아주는 종이다. 건물 외부로부터 들어
오는 빗물을 막아주는 역할을 한다. 그리고 혹여 들어온 습
기가 있다면 외부로 배출시켜 단열재의 성능을 보호해 주
는 일도 한다.

또 지붕에는 누수 차단을 위해 방수시트를 시공한다. 현
장에선 "방수시트를 깔아준다"라고 표현한다. 이 작업까지
완료되면 골조 공사는 마무리가 된다.

　　　　　　　　　　　　　전원주택 짓기

외장 공사

골조 공사가 완료되면 창호를 설치하고 스타코, 스타코 플렉스, 징크, 세라믹 사이딩, 시멘트 사이딩, 벽돌, 파벽돌, 목재, 라임스톤, 모노타일 등 건축주가 선택한 자재로 외벽 시공을 한다.

외벽이 완성되면, 그다음으로는 지붕 마감을 한다. 아스 팔트 싱글, 징크, 기와 같은 자재를 주로 사용한다. 모던한 느낌의 집을 지을 때는 지붕재로 징크를 많이 쓰고, 클래식 한 느낌의 집을 지을 때는 기와를 많이 사용한다. 지붕재의 가격은 기와가 가장 비싸다. 다음은 징크, 아스팔트 싱글 순

모노타일 외장 공사

이다. 이렇게 지붕까지 마무리하면, 외장 공사도 마무리된다. 어떤 외장재와 지붕재를 사용하는가에 따라 집의 전체 분위기가 확연히 달라진다.

내장 공사

외장 공사가 다 끝나야 내장 공사가 들어가는 것은 아니다. 날씨나 인력 수급, 일정 등에 따라 병행되기도 하고, 내장 공사의 일부 공사가 외장 공사보다 먼저 진행되기도 한다.

내장 공사는 전기 공사와 설비 공사와 배관 공사로 이뤄진다. 시스템 에어컨을 설치한다면 이때 에어컨 배관 등 기초 작업을 한다. 그리고 보일러 온수가 잘 순환할 수 있게 엑셀파이프라는 보일러 배관을 바닥에 깔아 준다.

엑셀파이프가 촘촘히 깔릴수록 난방에는 효과적이다. 화장실에도 난방이 들어가는지는 이 공정에서 확인해 볼 수 있다. 엑셀 파이프가 화장실에도 들어가 있으면 난방이 되는 것이다.

보일러 배관을 다 깔아 주면 그 위에 방통 작업을 하는데, 실내 바닥에 콘크리트를 타설해 주는 것이다. 방통 작업을 한 후 콘크리트가 굳는 데에도 약 1주일 정도의 시간이 필요하다.

그리고 글라스울, 우레탄폼, 스티로폼과 같은 자재로 내

    전원주택 짓기

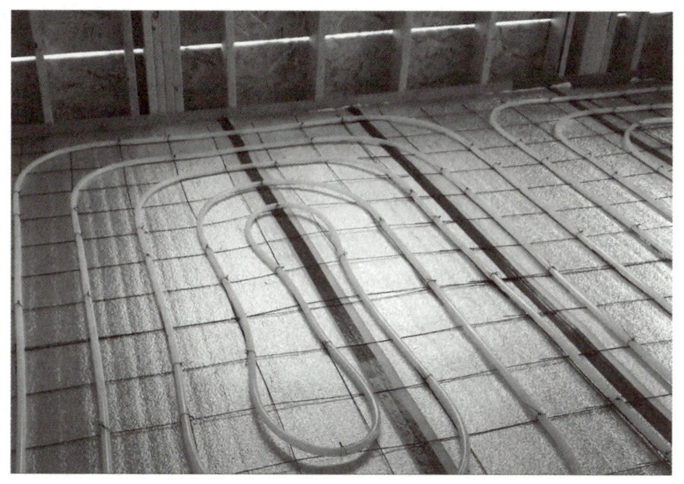

엑셀파이프

부 단열 공사를 한다. 이 때 단열재가 빈 곳 없이 촘촘하게 잘 채워지는지 직접 확인해 봐야 한다. 단열재가 촘촘하지 않다면 춥고 더운 집이 되니 중요한 작업이다.

단열재를 다 채우고 나면 석고보드로 내벽을 마감해 준다. 이제 내벽에 도배 공사를 할 차례다. 도배 대신에 페인트로 마감하는 도장 공사를 선택하는 사람도 많다. 도배 보다 도장으로 마무리하면 좀 더 이국적인 느낌도 나고 마감도 깔끔해서 많이들 선호한다. 다만 도장 공사는 칠하고 다듬는 작업을 여러 번 반복해야 한다. 그러다 보니 도배 공

우레탄폼 단열 공사

사보다 작업 기간이 길다. 또 그 기간만큼 인건비가 더 들어간다.

욕실이나, 다용도실 같이 물을 사용하는 공간에는 물이 바닥에 스며들지 않도록 방수 공사를 해야 한다. 그런 다음, 화장실 변기, 세면대 같은 도기를 설치하고 화장실, 주방, 다용도실 등에 타일 작업 등을 마무리한다.

다음으로는 장판, 강화마루, 강마루, 타일 등을 이용하여 바닥을 시공한다. 여기까지 진행되면 생각했던 집다운 모습이 나타난다. 마지막으로 인테리어의 완성이라고 할 수

　전원주택 짓기

있는 조명을 달아 주고, 싱크대 등 가구 공사를 하면 내장
공사도 완료된다.

마무리 공사

이제 집은 다 지었다. 집 안에 공사하면서 발생한 먼지를
제거해 준다. 창문, 바닥, 화장실 등 집 구석구석을 깨끗하게
청소해 준다. 이것을 입주 청소 혹은 준공 청소라고 한다.

공사를 시작하기 전 착공 신고를 했다면, 이제는 준공 신
고를 해야 한다. 준공은 공사가 완료되어 건축물로 사용하
겠다는 신고다. 지자체에 신고한 후 건축물에 대한 검사가
끝난 뒤 이상이 없으면 준공 허가가 나온다. 만약 설계 도
면과 다르거나 이상한 부분이 발생하면, 보완 후 다시 신고
해야 한다. 준공 허가가 나오면 현장에서는 "준공이 떨어졌
다"라는 표현을 쓴다. 사용 승인이 났다는 뜻이다.

준공이 떨어져야 비로소 입주가 가능하다. 준공이 떨어
지기 전에 입주해서 사용하게 되면 불법이 된다. 적발 시
벌금을 물게 된다.

이렇게 대략 전체 공정을 살펴보았다. 복잡하게 느끼는
사람도 있을 것이고, "이게 끝? 간단하네!" 이렇게 생각하
는 사람도 있을 것이다. 세분된 공정까진 모르더라도 이 정

도만 숙지해도 전체 공정을 몰랐을 때보다 집 짓기가 훨씬

수월해진다.

15

이층집 짓기 유의할 점

전원주택 짓기3

많은 사람이 전원주택을 떠올리면 멋지게 지어진 이층집을 그린다. 그 이유는 아파트 같은 공동주택에서는 경험해 보지 못했던 구조이기 때문이다. 또 드라마나 영화에서 보면, 부잣집은 항상 멋진 계단을 갖고 있는 이층집에서 산다. 그래서 다들 나도 저렇게 한번 살아보고 싶다는 로망을 가진다.

실제로 전원주택을 지을 때 많은 사람이 단층이 아닌 이층으로 많이 짓는다. 이층집은 확실히 매력이 있다. 그러나 상상과 현실이 매번 같지만 않듯이 그렇게 멋져 보였던 이층집도 100% 장점만 있는 것은 아니다.

이층집을 지었을 때 각각의 장점과 단점에 대해서 살펴

2부. 전원생활의 시작

보자. 먼저 장점부터 말해보겠다.

이층집의 장점

가장 큰 장점은 땅을 효율적으로 쓸 수 있다는 것이다. 앞에서 설명했던 용적률을 떠올려보자. 40평의 집을 짓는다면, 땅이 100평일 경우 1층 20평, 2층 20평 이렇게 사용할 수 있다. 그러면 땅 80평을 마당으로 쓸 수 있다. 그런데 그렇지 않고 단층으로만 짓는다면, 40평을 사용해야 하니 마당은 60평만 쓸 수 있다.

참고로 미리 얘기하면, 실제 법적으로는 땅 경계에 바로 붙여서 집을 지을 수 없다. 땅 경계에서 일정 거리를 띄워서 지어야 한다. 이렇게 땅 경계와 건물 사이에는 쓰지 못하는 죽은 공간이 생긴다. 이런 공간까지 고려한다면 실제 사용할 수 있는 마당 넓이는 60평보다 더 줄어들게 된다.

두 번째는 독립된 두 개의 공간이 나온다. 현대인들은 집에서도 제대로 쉬지 못한다고 한다. 그 이유는 개인의 독립된 공간이 없기 때문이다(관련 기사를 본 적 있다). '아빠의 공간은 거실 소파'라는 우스갯소리도 있을 정도다. 그런데 이층집을 짓게 되면, 1층은 주방 거실 등 공용 공간으로 만들고, 2층은 서재와 침실 등 사적이고 조용한 독립적인 공간을 만들 수 있다. 내 친구들이 놀러와 1층에서 북적거리고 떠들어도 아내는 2층에서 조용히 자기만의 시간을 가질 수 있다. 이렇듯 이층집은 공간을 용도에 맞게 분리해서 사용할 수 있다는 장점이 있다.

세 번째는 프라이버시 문제이다. 한적하게 외진 곳에 떨어져서 지은 전원주택이라면 문제가 없지만, 이웃들과 함께 생활할 수밖에 없는 단지 형태로 조성된 땅 위에 지어진 전원주택이라면 이야기가 좀 달라진다. 왔다 갔다 하는 길에서는 1층 내부가 훤히 보일 수 있다. 담장을 높여 시선을 가릴 수도 있지만, 안팎에서 보면 답답해 보이기도 하고 비용도 많이 들어간다. 하지만 2층 높이라면 길에서 내부 공간이 들여다보이지 않는다. 타인 시선에 노출되지 않는 공간이 되어 프라이버시가 보호된다.

네 번째는 선호도다. 중개사 말로는 전원주택을 구매할 때 단층집보다는 이층집을 더 선호한다고 한다. 서두에 말한 로망 때문이다. 전원주택을 지을 때 처음부터 매매를 고려해 설계하는 사람은 적지만, 전원생활에 적응하지 못할 수도 있고, 여러 다른 이유로 매매 해야 하는 상황이 발생할 수 있으니 이 점도 참고하면 좋을 것 같다.

마지막은 조망이다. 2층은 1층보다 높으니 아무래도 훨씬 더 넓고 확 트인 조망을 얻을 수 있다. 2층에 포치나 발코니를 만들면, 티 테이블을 놓고 풍경을 감상하며 차 한잔 마시는 여유도 가질 수 있다. 포치나 발코니는 건물 본채보다 앞으로 튀어나와 있는 공간을 말한다. 2층에 포치나 발코니를 만들면 그 아래 1층에는 비를 피할 수 있고, 그늘진 마당 공간도 생긴다. 그것도 또 하나의 장점이다.

참고로 단층집을 지을 때, 이층집이 가지는 프라이버시 보호나 조망 등의 장점을 도입하고자, 집 지을 자리의 땅을 높여 단층으로 짓는 경우도 있다. 1.5M만 높인다고 해보자. 길에서 봤을 때 2층 높이까진 아니더라도 1.5층 정도의 높이가 된다. 길에서 실내가 잘 보이지 않고 조망도 좋아진다. 단층집을 생각하는 사람은 이 방법도 참고할 수 있다.

이층집의 단점

이 번에는 단점에 대해서 말해보겠다. 내가 생각하는 단점 대부분은 계단과 관련이 있다.

가장 크게는 계단이 있음으로써 줄어드는 공간이다. 계단의 크기에 따라 차지하는 면적도 집마다 다르겠지만, 계단을 만들기 위해서는 1층에 2평 정도의 면적이 필요하다. 그러면 2층에도 똑같이 2평의 면적이 필요한 게 된다. 즉 1, 2층 계단이 차지하는 면적을 합치면 4평이고, 이는 방 하나를 만들 수 있는 면적이다. 공간이 아깝다는 생각이 들 수 있다. 2층으로 32평 크기의 집을 지었을 때, 계단 공간을 빼면 실사용 면적은 28평이 된다. 건축 시공사에서는 20평대로 집을 짓는다고 말하면, 이층집을 추천하지 않는다. 계단이 차지하는 면적 때문이다.

두 번째는 계단 사용의 귀찮음이다. 이것이 별것 아닌 것 같은데, 계단 오르내리는 일이 꽤 번거로울 때가 있다. 우리 집 부부 침실은 2층에 있다. 간혹 출근하려고 현관을 나섰다가, 지갑이나 휴대폰을 놓고 나와서 다시 2층으로 올라가려면 정말 귀찮다. 또 잠을 자다 갈증이 나서 물을 마시러 1층 주방을 내려갔다가 다시 2층으로 올라오는 것도 엄청 번거롭다. 자다가 일어나서 다리 근육이 풀리지 않은 상태라 살짝 등산하는 기분마저도 든다.

특히 무릎이 안 좋은 아버님, 어머님의 경우 더 많이 불편하다. 그래서 혹시 부모님께 전원주택을 지어드릴 계획이라면 이층집이 아닌 단층집을 지어드리라고 추천한다.

그리고 1층 식당에서 밥 먹으라고 2층에 있는 딸아이를 부를 때도 있는데, 당연히 계단 올라가는 것이 귀찮아 1층 계단에서 고래고래 소리를 지른다. 요즘은 조금 진화해서 밥 먹으라고 전화를 건다. 이렇듯 계단을 오르고 내리는 것이 생각보다 귀찮고 불편한 일이다.

세 번째는 낙상이라는 위험한 요소다. 아이들이 뛰고 장난치다가 계단에서 넘어지는 경우가 있다. 이전 집에서는 아내가 새벽에 다리를 헛딛어 넘어지는 일이 있었다. 그 일로 한 달간 병원 치료를 받았다. 지금 사는 집에서는 내가 계단에서 한 번 미끄러진 적이 있다.

조심성이 없어 발생한 일이라고 생각할 수도 있지만, 살다 보면 실수하는 일이 꼭 생기기 마련이다. 단층집이라면 아예 발생할 일이 없는 위험 요소를 가지고 있는 것이나 다름없다.

마지막으로는 사소한 것으로도 생각할 수 있는 청소다. 아파트 살 때는 진공청소기를 갖고서 한 번에 전 구역을 싹 돌렸다. 근데 이층집에 살면서는 1층에서 진공청소기를 돌린 다음, 들고 올라가서 2층에서 한 번 더 돌려야 했다. 그리고 계단도 청소해야 한다. 계단은 구석구석에 먼지가 잘 껴서 청소도 좀 더 세심하게 해줘야 한다.

한마디로 청소하는 동선이 단층집에 비해서 많이 불편하다. 그래서 우리 집은 청소기 한 대를 더 장만해서 1층에 한 대, 2층에 한 대 이렇게 두 대를 사용했다. 그리고 몇 해 전에는 로봇 청소기를 장만해서, 먼저 1층 청소를 하고, 2층으로 옮겨서 다시 청소를 하는 식으로 했다. 하지만 이것도 답이 아닌 것 같아서, 결국 충전 스테이션이 있는 1층은 로봇 청소기를 주로 이용하고, 2층은 진공청소기를 쓴다.

 전원주택 짓기

이층집 설계시 체크 사항

이층집의 장단점을 살펴보았다. 단점을 커버할 정도로 장점이 매력적으로 다가온다면, 이층집으로 지을 것인데, 설계할 때 체크해야 할 사항도 몇 가지 같이 살펴보자.

먼저 1층과 2층의 공간을 합친 오픈 천장을 만들 것인지 고민해 봐야 한다. 오픈 천장은 웅장함과 답답하지 않은 개방감을 주는 장점이 있다. 같은 크기의 거실 면적이라고 해도 천장이 높으면 시각적으로도 좀 더 넓게 느껴진다.

잠시 과학 얘기를 해보면, 천장이 높을수록 아이들 창의력이 더 올라간다고 한다. 대학생들을 두 그룹을 나눠, 천장이 높은 곳과 낮은 곳으로 학업 성취 테스트를 했더니, 높은 쪽 학생들의 결과가 더 좋았다. 꼭 그것 때문만은 아니지만, 나도 이전 집(첫 번째 지은 전원주택)의 거실을 오픈 천장으로 설계했다. 딸아이가 높은 천장 때문에 창의력이 쑥쑥 향상되었는지는 알 수 없지만, 거실에서 마음껏 줄넘기를 했던 기억은 있다. 최소한 체력 증진은 되었을 것이다.

오픈 천장은 시원한 맛은 있지만, 공간 활용이 효율적이진 못하다. 그래서 정답은 없다. 가족 구성원 수나 라이프 스타일에 따라 선택해야 할 사항이다. 가족 구성원이 많다면 2층 오픈 천장 만들 공간에 방을 한두 개 더 넣는 것이 효율적이다. 드레스룸이나 홈 짐을 위한 방을 만들어도 되

　　　　　　　　　　　　　　　2부. 전원생활의 시작

오픈 천장

고 말이다.

　1층이 공용 거실이라면 2층에는 가족만을 위한 거실을 따로 만들어도 된다. 이걸 현장에서는 '가족실'이라고 부른다. 몇 해 전부터 유행처럼 가족실을 만드는 사람이 늘었다. 지금 내가 사는 집도 작은 가족실이 2층에 있다. 하나 팁을 주자면, 2층 가족실은 1층 거실의 반 정도 크기로 만들고, 나머지 반을 오픈 천장으로 설계해 두 마리 토끼를 잡는 방

　　　　　　　　　　　　　　전원주택 짓기

법도 있다.

천장 고민을 했다면, 다음은 계단이다. 계단을 보이지 않게 벽 뒤로 넣어버리고, 계단이 시작되는 앞에 문을 설치할 것인지 말 것인지도 한번 생각해 볼 필요가 있다.

주말 주택으로 사용하거나 부부 둘만 살아, 주로 1층만 사용하고, 2층 공간은 자주 사용하지 않는다? 자식들과 손자, 손녀가 놀러 왔을 때를 대비해 2층을 만들어 놓은 집이 그런 경우다. 이런 경우 냉난방 효율을 위해 2층으로 올라가는 계단에 문을 설치하기도 한다. 그러면 겨울에는 따뜻한 공기가 여름에는 에어컨의 시원한 공기가 2층으로 빠져나가는 것을 방지할 수 있다. 또 1층의 소리를 차단하는 용도로도 사용할 수 있다.

계단 모양도 생각해 봐야 한다. 계단 모양은 길게 일자로 쭉 뻗어 나가게 만들 수도 있고, 나선형으로 만들 수도 있다. 혹은 'ㄷ'자 모양도 있다. 일자 계단은 모던하고 시원한 느낌을 준다. 나선형 계단은 우아한 느낌을 준다. 'ㄷ' 계단은 공간 활용이나 사용성이 좋아 많이 선택하는 디자인이다. 계단을 벽으로 숨겨 안 보이게 하기도 하고 유리를 사용해 노출하기도 한다. 나선형 계단은 누군가는 예쁘다고 하고 또 누군가는 어지럽다고 한다. 개인적으로 예쁘고 어지러운 것은 둘째로 치고, 가구를 올리고 내릴 때 나선형 계단이 불편했던 경험이 있다. 자신이 생각하는 집의 콘셉트에 따라 어떤 계단이 어울릴지 한번 고민해 보면 좋겠다.

마지막으로 이층집에 대한 공사 비용이다. 이층으로 집을 지으면 단층으로 지을 때보다 공사비가 더 많이 발생한다고 알고 있는 사람이 있다. 그러나 여러 시공사에 물어본 결과 단층으로 지을 때나 이층으로 지을 때나 공사비 차이는 거의 없다고 한다. 즉 평수가 더 늘어나는 만큼 공사비가 더 든다는 의미이지, 이층이니까 비용이 더 든다는 것은 아니다.

"이렇게 지으려면 평당 얼마예요?" "이 집은 평당 얼마 들었어요?" "우리 업체는 평당 800만 원에 지어 드립니다." 등 현장에서 많이 오가는 말을 봐도 공사비는 평수가 기준이지 층수가 기준이 되지는 않는다.

전원주택을 지을 때 단층, 이층 혹은 삼층의 선택은 개인의 취향과 라이프 스타일을 반영해서 결정할 문제다. 뭐가 더 좋고 더 나쁘다고 말할 수 있는 사항은 아니다.

나는 이층집 장점이 단점보다 더 매력적으로 다가왔다. 그래서 집을 두 번 다 이층으로 짓고 10년 넘게 생활하고 있다. 다음에 집을 또 짓게 된다면 어떤 선택을 할까? 또 그런 기회가 생긴다면, 이번에는 단층집으로 지어보고 싶다.

16

은퇴자를 위한 집 짓기

전원주택 짓기4

예전에는 전원주택 하면 은퇴 후에 조용한 삶을 원하는 어른들을 위한 것이라는 인식이 많았다. 그러나 요즘은 아이를 자연에서 키우고 싶어, 일찍 전원생활을 시도하는 30대도 많아졌다.

그럼 30~40대가 추구하는 전원생활과 은퇴를 준비하거나 이미 한 50~60대가 추구하는 전원생활은 어떻게 다르고 같을까? 일단 자녀와 함께 생활하는 전원주택과 은퇴 후 부부만 사는 전원주택은 라이프 스타일 자체가 많이 다르기 때문에 집의 구조, 크기, 조경 등 여러 가지 점에서 차이가 난다.

여기서는 주로 은퇴자에 초점을 맞춰 얘기하고자 한다

(아무래도 이분들이 독자로서 좀 더 많을 테니). 이들을 위한 전원주택은 어떤 모습일 때가 가장 이상적일까?

먼저 이해를 돕기 위해 내 현재 상황에 대해 다시금 간략히 말하면, 현재 50대로 고등학생 자녀가 있고, 매일 도시로 출퇴근하면서 전원생활을 하고 있다. 우리 집 구조를 간략하게 말하면, 1층에는 거실과 주방, 방 하나, 공용 화장실이 있다. 2층에는 부부 침실, 방 2개, 화장실 2개, 가족실이 있다. 이렇게 해서 전체 평수는 50평대다.

고등학생인 딸아이가 추후 독립하게 된다면, 우리 부부 둘이 살기에는 집이 너무 넓다. 그래서 은퇴하고 아이가 집을 떠나고 나서는 어떻게 해야 할까? 고민 중이다. 빠르면 3~5년 안에도 일어날 수 있는 일이다.

- 집을 팔고 아파트로 이사 간다.
- 집을 팔고 다시 집을 짓는다(세 번째 집이 되겠지).
- 집을 팔고 다른 전원주택을 매입한다.

다시 짓던, 매매를 하던 이제는 부부 둘이서만 살 공간이기 때문에 평수는 지금보다 많이 줄어들 것 같다. 또, 집을 팔고 아파트로 이사 간다면, 체류형 쉼터(농막 같은)를 만들어 5도 2촌으로 생활하는 방법도 있다.

　　　　　　　　전원주택 짓기

그런데 다시 예전처럼 아파트에서 생활할 수 있을까? 곰곰이 생각해 봤는데, 실제 은퇴할 즈음이 되면 생각이 바뀔 수 있겠지만, 현재 기준으로는 답답해서 못 살 것 같다. 그럼 전원주택 매입이나 새로 집을 짓는 것이 될텐데, 이번에는 어떤 집이어야 할까?

은퇴 후 전원주택 짓기

첫 번째, 일단 새롭게 집을 짓는다면 단층으로 지을 것이다. 이전에 살던 집, 지금 사는 집, 둘 다를 이층으로 지었는데, 새로 짓는다면 단층으로 설계할 것 같다. 이유는 심플하다. 앞서 이층집의 단점에서 언급했던 계단의 불편함 때문이다.

나는 방의 용도를 변경하거나 가구 배치를 바꾸는 것을 좋아하는데, 주변 환경을 바꾸면서 느껴지는 신선함을 즐기는 편이다. 최근에는 2층 부부 침실을 사무 공간으로 변경해서 사용하고 있다. 2층 부부 침실이 가장 넓은 방이고, 잠만 자는 공간을 제일 넓게 할 필요는 없을 것 같아서 사무 공간을 좀 더 넓게 사용하려고 용도를 변경했다. 만약 방의 용도 변경을 위해 가구를 옮겨야 하는 상황인데 같은 층이라면 문제가 안 되겠지만, 1층에서 2층 혹은 2층에서 1층으로 옮기는 것이라면 꽤 힘든 작업이 된다. 그래서 단충으로 지을 것이다.

두 번째, 손님을 위한 별도의 공간을 만들지 않을 것이다. 전원생활을 시작했을 때는 정말 많은 지인이 놀러 왔다. 거의 매주 바비큐 파티였다. 그러나 10년이 넘어 15년째인 지금은 지인이 놀러 오는 경우는 많이 드물어졌다.

손님이 온다면 준비해야 하는 일도 많고, 또 왔다 간 뒤의 뒷정리도 쉽지 않다. 나이를 먹은 뒤라면 이런 일이 더 힘들다. 그래서 집을 다시 설계한다면 일 년에 한두 번 오는 손님을 위한 공간은 따로 고려하지 않을 것 같다.

보통 은퇴하신 분들이 처음 전원주택을 짓는다면, 자식이나 손자·손녀가 놀러 올 것을 생각해 여분의 방을 고려해 설계하기도 하는데, 사실 사용되는 횟수는 일 년에 몇 번 안 된다. 나는 그런 공간은 과감히 삭제할 생각이다. 대신 개인 서재를 만들거나, 재택근무를 위한 오피스 공간을 만든다면, 그곳을 간혹 오는 손님을 위한 방으로 활용해도 충분할 것 같다.

세 번째, 다락방도 안 만들 생각이다. 전원주택 하면 다락방에 대한 로망이 벽난로만큼이나 많다. 어릴 적 다락방에서 놀던 좋은 추억 때문에 아이를 위해 일부러 만들기도 한다. 하지만 아이가 좋아하지 않는다면, 아무 소용이 없다.

같은 이유로 이전 집에 다락방을 만든 적 있지만, 실제 활

 전원주택 짓기

첫 번째 집에 만들었던 다락방

용도는 크지 않았다. 여름에 덥고 겨울에 추운 곳이 다락방이다. 층고가 낮아 허리를 숙이고 움직여야 하는 것도 무척 불편하다. 그런 이유로 지금 집에는 다락방을 만들지 않았다. 새롭게 짓는다고 해도 같은 이유로 만들지 않을 것이다.

시공사에서는 다락방을 일명 서비스 공간이라고 말하기도 한다. 그런데 이건 잘 이해해야 한다. 건폐율이나 용적률에 포함되지 않는 공간이라는 것이지, 쉽게 말해 신고해야 하는 집 전체 평수에 들어가지 않는 공간이라는 것이지, 공사비가 공짜라는 것은 절대 아니다. 다락방을 만드는데 자재도 들어가고 인건비가 들어가는데 공짜일 수가 없다. 나 같으면 다락방을 만들 때 들어가는 비용을 아껴 좀 더 좋은 창호를 구입하는 데 보태거나 다른 곳에 쓸 것이다.

네 번째, 집 평수는 작게 설계하고, 부대시설도 만들지 않을 것이다. 집이 클수록 관리하기도 힘들고 냉난방비도 많이 나온다. 은퇴했다면 지금처럼 수입이 매월 생기는 것도 아니기 때문에, 최대한 절약하며 살아야 한다. 그래서 작게는 20평대 초반, 조금 욕심내면 30평대 초반으로 설계할 것 같다.

아이 있는 집은 수영장을 선호한다. 아이들은 물놀이를 좋아하고, 집에 수영장이 있다는 것만으로도 큰 자부심 같은 것이 생긴다. 그러나 은퇴한 뒤라면, 더 이상 수영장에서 놀 아이도 없다. 나이를 더 먹어 손주가 놀러 온다고 하면 조립식 풀장이면 충분하다.

수영장까진 아니더라도 작은 자쿠지를 만들어 노천탕을 즐길 수도 있는데, 그마저도 안 하려고 한다. 지금 우리 집은 욕실에 욕조를 좀 크게 넣고 욕조 쪽에 큰 창을 만들어 놓았는데 만족도가 높다. 아주 요긴하게 잘 사용하고 있고, 자쿠지 보다 관리도 훨씬 편하다.

다섯 번째, 용도에 맞는 땅 구입이다. 관리 차원에서도 그리고 비용적인 측면에서도, 그리 넓지 않은 곳을 선택할

　　　　　　　　　　　　　전원주택 짓기

두 번째 집에 만든 수영장

것 같다. 이전 집과 지금 집은 200평 내외의 크기의 땅에 집을 지었는데, 은퇴 후라면 지금보다 더 작아도 충분하다. 다만, 땅이 작고 단층으로 지으려면 건폐율이 20%인 보존관리지역보다 건폐율이 40%인 계획관리지역이 더 낫다. 그래서 작은 땅을 구입한다면 계획관리지역의 땅을 선택할 것이다.

여섯 번째, 태양광 및 주변 인프라다. 태양광은 약 3년 동안 사용했는데, 만족도가 정말 크다. 여름에 누진세 걱정 없이 에어컨을 틀 수 있다는 점 하나만으로도 만족스럽다 (태양광 설치와 설치 효과 등에 대해서는 뒤에서 추가 설명을 했다). 집마다 전기 사용량은 다르므로 절약된 전기 요금으로 태

2부. 전원생활의 시작

양광 설치에 들어간 비용 회수 기간 역시 각자 다르다. 나는 태양광 설치 후 3년이 조금 안 된 시점에 설치에 내가 쓴 자부담금을 모두 회수했다. 그래서 다시 집을 짓는다 해도, 태양광은 꼭 설치하려고 한다.

그리고 이건 희망 사항이긴 한데, 가능하다면 도시가스가 들어오고 상수도도 들어오고 공공 하수도 처리가 가능한 구역이면 더 좋을 것 같다. 물론 이런 기반 시설이 잘 갖춰진 땅은 땅값이 많이 비싸서 현실성은 조금 떨어진다.

지금 사는 집은 도시가스가 들어온다. 이전에 기름보일러 사용할 때에 비하면 엄청나게 편하다. 기름을 매번 채워야 하는 번거로움도 없고, 보일러로 연결된 온수 버튼을 따로 누를 필요도 없다. 그리고 상수도가 들어온다면 비싼 비용이 들어가는 지하수 개발 공사도 안 해도 된다.

공공 하수도 처리 구역이면 오수 처리를 편하게 할 수도 있다. 그렇지 않은 곳이라면 개별 정화조를 설치해 오수를 자체 처리해야 한다. 이건 법적 필수 사항이고 정화조도 주기적으로 청소를 해줘야 한다. 그런데 인프라가 갖춰진 땅이라면 이런 일이 필요 없으니 그만큼 관리가 편한 것이 된다.

"편하게만 살려고 하면 왜 전원생활을 하냐? 그럴 거면 아파트에 살아라!"라고 말하는 사람도 있을 것 같다. 그러

나 지금까지 언급한 것 말고도, 전원생활을 하게 되면 할
일은 차고 넘친다. 줄일 수만 있다면 최대한 줄이는 게 답
이다. 특히 은퇴자라면 말이다.

17

시공 업체 잘 만나는 법

전원주택 짓기5

가령 집을 지을 때 '4억 원의 건축비가 발생한다면, 반값인 2억 원에 짓는 방법' 이런 신빙성 없는 허무맹랑한 말을 하려는 건 아니다. '업체에 맡기지 말고, 직접 지으면(직영공사) 싸다' 이런 황당한 이야기를 하자는 것도 아니다.

직영공사는 건축주가 각각의 공정별로 업체를 직접 고용해서 집을 짓는 방식이다. 타일 공사할 때는 타일 전문가를 직접 섭외하고, 도배를 할 때는 도배 전문가를 직접 섭외하는 식이다. 따라서 건축주는 공사 현장을 직접 관리하고 감독하는 감리자 흔히 말하는 현장 소장이 되어야 한다.

직영 건축을 하면 시공사에 맡기는 방식보다 건축비가 더 적게 들어가는 것은 사실이다. 시공사의 이윤이 빠지기 때문이다. 대신 건축주는 건축에 대한 방대한 양의 지식을 알고 있거나 공부해야 한다. 공정별로 적합한 업체도 찾고 일정에 맞게 섭외도 해야 한다. 비용이 세이브 되는 만큼 건축주의 시간과 노력이 들어간다. 직영공사가 불가능한 것은 아니지만, 쉽게 볼일은 아니다.

건축 지식이 부족하고 현장 케어가 서투르면 부실 공사가 될 가능성도 크다. 그런 이유로 많은 사람이 전문 시공사에 의뢰해 집을 짓는다.

현장 소장을 만나라

전원주택 시공사 중 유명 브랜드, 즉 메이저 업체가 있다. 네이버에 검색창에 '전원주택'이라고 검색해 보면 상위에 노출되는 업체다. 네이버에 키워드 광고를 하는 전원주택 시공사들이라고 이해하면 된다.

그런데 이런 브랜드 업체에 의뢰해 집을 지었을 때와 비교해 집의 품질은 같은데 조금 더 싸게 지을 방법이 있다면? 적게는 10%에서 많게는 20%까지 건축비를 절약할 수 있는 방법이 있다면? 지금부터 그 얘기를 해보려고 한다. 일단, 그렇게 하기 위해서는 시공을 책임질 현장 소장을 만나보는 것이 우선이다.

처음 집을 짓는 거고, 주변에 소개해 줄 사람도 없는데, 어떻게 현장 소장을 만날 수 있을까? 사실 어렵지 않다. 새롭게 집을 짓고 있는 현장이 있으면 그곳을 찾으면 된다.

나는 '설계는 어떻게 했을까?' '우리 집과는 다른 점이 무엇일까?' '자재는 어떤 걸 사용할까?' 이런 것이 궁금해 종종 전원주택 신축 현장을 방문한다. 그렇게 공사 현장을 방문하게 되면, 현장 소장을 만날 수 있다.

일단 가볍게 인사부터 한다.

"이 근처에 사는데 오가다 보니 새로 집을 짓길래 궁금해서 구경 좀 하러 왔어요."

그렇게 서로 간단히 말을 튼 다음 궁금한 점을 물어본다. 물어보는 내용 대부분은 누구나 공통으로 궁금해하는 것들이다. 예를 들어 "이 집은 몇 평이에요?" "이 집은 평당 건축비가 얼마나 들어요?" "창호는 어디 브랜드 제품 써요?" "외장재는 뭐로 하세요?" "새로운 건축 트랜드가 있나요?" 등이다. 나는 그런 식으로 집을 짓는 곳 몇 곳을 방문해 현장 소장들과 대화를 하다, 그들 중 일부는 브랜드 시공사에서 하청받아 집을 짓고 있다는 것을 알게 됐다.

당시, 집 지을 사람 있으면 소개해달라고 현장소장이 명함을 주는데, 브랜드 시공사 소속이 아니라, 다른 회사 소속이었다. 물어보니 별도의 사업자를 가지고서 전원주택 시공 사업을 하는 회사(협력 업체)였다. 자체 영업만으론 공사

 전원주택 짓기

물건이 부족하다 보니, 메이저 업체와 도급 계약을 맺고, 그 쪽 일을 받아서 공사를 하고 있다고 했다.

"20% 싸게 지을 수 있어요"

현장 소장은 "집 지으려면 이 번호로 연락주세요. 건축비를 20% 싸게 지을 수 있어요"라고 나에게 말했다. "20%나 싸게요? 그게 무슨 말이에요?"라고 되물었더니, 브랜드 시공사는 아무래도 건축박람회 등 마케팅에 대한 투자를 많이 한다고 했다. 그러면서 마케팅과 영업에 들어가는 일부 비용만큼 공사비가 빠질 수 있다고 했다.

실제로 건축박람회를 통해 집을 짓는 분이 많다. 나도 집을 짓기 전 여러 건축박람회에 방문해서 마음에 드는 몇몇 업체의 명함과 업체의 포트폴리오가 담긴 책자를 받아온 적이 있다.

브랜드 업체는 자체적으로 소화할 수 있는 공사는 직접 하겠지만, 그렇지 못할 경우에는 협력 업체와 도급계약을 맺고 공사를 진행한다. 경우에 따라 설계, 토목, 전기 등 부분 공정을 의뢰하기도 하고 혹은 전체 공정을 맡기기도 한다. 극단적으로 말하자면, 영업과 마케팅은 브랜드 시공사에서 진행해 계약까지 성사시킨 다음, 시공은 협력 업체에 일임하는 구조인 것이다.

결국 브랜드 시공사가 마케팅과 영업을 통해 공사를 따내고 그걸 협력 업체에 넘긴다면, 당연히 그사이에 수수료가 있을 텐데, 그 수수료만큼을 절약할 수 있다는 것이다.

"수수료가 얼마나 되죠?"라고 물어봤다. 현장 소장이 답하길 평균적으로 공사 전체 금액의 20% 정도라고 했다.

평당 건축비가 1,000만 원이라고 가정하고, 40평짜리 집을 짓는다면 총 4억 원이 든다. 이 건축비 중 브랜드 시공사가 총금액의 20%인 8천만 원을 수수료로 가져가고, 나머지 80%인 3억 2천만 원을 가지고 실제 집을 짓는다. 시공 업체도 그 안에서 자신의 마진(이익)을 챙겨간다. 그래서 브랜드 시공사에 의뢰하지 않고 현장 소장에게 직접 의뢰하면 4억이 아니라 3억 2천만 원에 집을 지을 수 있다는 논리가 된다.

현장 소장이 한 말을 그대로 인용한 거라 수수료는 시공사별로 차이가 있을 수 있다. 그러나 수수료가 있다는 것만은 분명하다.

'브랜드 업체에서 수수료를 20%나 챙긴다고? 이런 도둑놈들.' 이런 말을 하자는 것은 아니다. 브랜드 시공사들도 건축박람회를 준비하고 참가하는 데 큰 비용이 든다. 또 온라인과 오프라인으로 홍보 마케팅을 하는 데에도 적지 않은 금액이 소요된다.

     전원주택 짓기

하지만 건축주 입장에서는 4억 원의 20%인 8천만 원은 결코 적은 돈이 아니다. 아니, 엄청 큰 돈이다. 앞서 얘기한 대로 평당 1,000만원 건축비라면, 집 평수를 8평이나 더 만들 수 있는 금액으로 거실 하나가 나올 수 있다. 4억 원으로 예를 들었지만, 만약 평수가 넓어서 5억, 6억 이렇게 올라간다면, 20% 수수료는 1억에서 1억 2천만 원으로 더 커진다.

그러면 설계는 어떻게 해결할까? 설계는 케이스 바이 케이스다. 내가 만난 협력 업체의 현장 소장처럼 그 업체가 설계 능력이 되면 바로 맡겨도 되고, 아니면 내가 별도로 설계사무소에 의뢰해 나온 도면을 받아 시공사에 전달해도 된다. 즉, 설계와 시공을 같이 해도 되고, 따로 해도 되고, 상관없다는 것이다.

이때 들어가는 설계비는 천차만별이다. 전체 시공 금액에 설계비를 포함해 공짜라고 말하는 시공사도 있고, 300만 원~500만 원의 설계비를 별도로 받는 시공사도 있다. 또 유명한 설계사무소에 의뢰하면 설계비만 몇천만 원이 들기도 한다.

그럼, 왜 사람들은 비용이 더 드는데도 불구하고 브랜드 시공사와 계약하는 걸까? 그 이유는 '공사 도중 업체가 부도를 내지 않을까?' '날림 공사를 해서 하자가 많은 건 아닐까?' 하는 걱정 때문이다. 집을 짓게 되면 이런 걱정이 드는 게 당연하다. 평생 한 번 있을까 말까 한 내 집 짓기인 데다가 거의 전 재산을 들여 짓는 것인데, 아무 걱정 없이 집을 짓는다는 게 오히려 더 이상한 일이다.

그리고 사후 관리나 하자 보수 측면에도 브랜드 업체가 더 안정성이 있다고 생각한다. 이런 이유로 돈이 더 들더라도 안전하다고 생각하는 큰 업체, 브랜드에 내 집을 맡기는 것이 통상적이다. 돈을 좀 아끼겠다고 작은 시공사에 의뢰하기가 힘들다는 것이 말이 되는 이유다. 하지만 브랜드 업체랑 계약하든 도급을 따낸 협력 업체와 계약하든, 실제로 집 짓는 업체는 동일하다면? 여기에 비용까지 아낄 수 있다면? 하지 않을 이유가 없다.

시공 전문 업체는 어떻게 만나고 정하나

브랜드 시공사에서 도급계약을 통해 협력 업체로 선택했을 때는 우리 같은 일반인보다는 업체의 건축 경력, 시공 능력, 회사 재정 등 훨씬 더 까다로운 잣대로 판단하고 선정했을 것이다. 만약 부실 공사 같은 문제가 생기면, 브랜드 이미지에 타격이 간다. 그런 이유로 브랜드 시공사 역시도 나 믿고 맡길 만한 업체를 협력사로 선정한다.

정리하면, 그런 협력 업체를 우리가 찾기만 한다면, 좀 더 저렴한 가격에 브랜드 업체 수준의 품질은 높은 집을 지

　　　　　　　　　　　　전원주택 짓기

을 수가 있는 것이 된다. 그러면 어떻게 찾을 수 있을까? 보통 브랜드 시공사는 집을 짓는 현장에 자사 홍보를 위해서 플래카드 같은 걸 걸어 놓고 공사를 한다. 땅을 보러 다닐 때나 집 구경 다닐 때, 그런 플래카드가 걸려 있는 현장을 방문해 보는 것이다.

방문해서 현장 소장도 만나 보고, 협력 업체라면 직접 시공이 가능한지도 물어본다. 참고로 브랜드 시공사의 플래카드가 없는 곳이라도 여러 현장을 가서 보면 좋다. 직접 내 눈으로 보면 많은 공부가 되니 되도록 많은 현장을 가보길 추천한다.

그리고 여기서 하나 더 체크해야 할 것이 있다. 직접 의뢰가 가능하다고 말하는 협력 업체가 있다면, 기존에 지었던 집을 구경해 보고 싶다고 말하는 것이다. 업체 포트폴리오를 보여 달라는 말이다. 그동안 지은 집이 하자 없이 제대로 지어졌는지 확인하는 것이다.

가령, 현장 소장이 어떤 집을 지었는데 집도 잘 짓고 공사할 때도 집주인과 마찰이 없었다면, 그래서 현장 소장이 "손님을 모시고 집 한번 구경하러 가도 돼요?"라고 말할 수 있는 집주인이 있다면? 이 정도 관계를 맺는 업체라면 신뢰할 수 있는 곳이라고 생각해도 된다.

그리고 구경할 수 있는 집에 직접 가보면 또 좋은 점이 있다. 집주인한테 집에 대한 만족도나 냉난방은 잘 되는지, 공사할 때 애로사항은 없었는지, 살아보니 아쉬운 부분은 없는지, 난방비는 얼마나 나오는지 등을 직접 물어볼 수 있다는 점이다. 직접 살고 있는 집주인의 생생한 정보도 들을 수 있다면 큰 도움이 된다.

반대로 내가 집을 지었는데 하자투성이고, 시공사와 마찰이 좀 있었다면, 어느 날 현장 소장의 전화가 온다고 해서 흔쾌히 "네 오세요"라고 대답할 주인은 없다. 안 그렇겠는가?

시공 업체 선정, 나는 이렇게 했다

참고로 내가 집을 지을 때, 어떤 업체를 어떻게 선정했는지 이야기해 보겠다. 지금까지 언급한 방법대로 했을까? 대답은 "아니다"다. 브랜드 시공사에서 하청을 준다는 것은 집을 짓고 난 후 공사 중인 집 구경을 다니면서 알게 된 사실이다.

나도 집을 짓기 위해 여러 건축박람회에도 참관하고, 그곳에서 눈에 들어온 세 곳의 브랜드 업체와 상담도 하고 견적도 받아 봤다. 그런데 상담할 때 담당 매니저와 대화가 잘 안 통하는 느낌을 받았다. 집 지을 때 내 의견이나 생각이 제대로 반영이 되지 않을 것 같았다. 찝찝한 마음에 업

　전원주택 짓기

체를 선뜻 선정하지 못하고 있었다.

그러던 중 지인을 통해 한 곳을 소개받았다. 브랜드 시공사는 아닌 작은 업체였다. 미팅을 해보니 건축박람회에서 만났던 매니저들에 비해 말이 잘 통했다. 당시 상담한 현장 소장의 나이가 나와 비슷하고 우리 딸과 동갑인 아이가 있었다. 서로 비슷한 상황이니, 우리 가족의 니즈를 좀 더 잘 파악할 것 같았다.

그러나 대화만 잘 통한다고 업체를 결정할 수는 없는 것 아닌가. 그래서 그동안 지은 집들을 구경해 보고 싶다고 말하고, 여러 집을 방문해 보았다. 집이 다 지어졌지만, 입주 전인 집도 있었고, 입주해서 생활하고 있는 집도 있었다. 한 집은 현장 소장이 방문해도 되겠냐고 전화하니 지금 외출해서 집에 없으니, 현관 비밀번호를 알려줄테니 편하게 들어가서 보라고 했다. 누군가에게 자기 집 현관 비밀번호를 알려준다는 것이 쉬운 일이 아닌데, 여기서 첫 번째 신뢰가 갔다.

또 다른 집을 방문했을 때는 집주인을 직접 만날 수 있어 이것저것 물어보았는데, 집주인은 만족도가 높다고 했다. 그렇게 여러 집을 방문한 후 업체에 대한 신뢰가 생겨 공사를 의뢰하게 됐다.

첫 번째 집이 그렇게 지어졌고, 결과도 만족스러웠다. 건축박람회를 통해 브랜드 시공사로부터 받은 견적과 비교하면 20%까지는 아니지만 건축비도 많이 절약됐다. 그 인연으로 지금 살고 있는 두 번째 집도 이 업체가 지었다.

이제는 집 짓기 전과 반대 상황이 됐다. 가끔 현장 소장이 예비 건축주에게 집 좀 보여줘도 되겠냐고 연락이 온다. 흔쾌히 오라고 한다. 지금은 그 현장 소장과 가끔 술도 한잔 하는 사이가 됐다. 좋은 시공사를 만나는 것도 복인데, 하자 없이 만족하면서 살고 있으니, 운이 좋았던 것이다.

이미 집을 짓고 만족하며 잘 살고 있는 지인이 있다면, 그 지인의 집을 지어준 업체를 추천받는 것도 시공사를 선정하는 또 하나의 방법이다.

간혹 말도 안 되는 금액으로 집을 싸게 지어준다는 광고를 볼 때가 있는데, 그런 말에는 현혹되지 않는 것이 좋다. 싸게 짓는다면 자재 또한 싼 걸 쓸 것이고, 비전문가를 고용해 부실 공사가 될 가능성도 클 것이다.

하자로 마음고생을 하는 사람들이 많다. 싸고 좋은 집을 만들어준다는 시공 업체보다는 기본에 충실한 시공사를 만나는 것이 최고다.

 전원주택 짓기

18

공사 용어 이해하기

전원주택 짓기6

집을 지을 때 공사 진행 상황을 확인하기 위해 집 짓는 공사 현장을 자주 방문하게 된다. 현장 소장에게 작업 진행 과정 및 향후 일정에 대해서도 듣는다. 그런데 협의할 때 전혀 알아듣지 못하는 용어가 불쑥불쑥 튀어나오면 매우 당황스럽다. 앞서 버림 콘크리트 타설, 기초 매트, 몰탈, 미장, 엑셀 파이프, 방통, 양생 등 현장 용어들을 언급했다. 그러나 그것 외에도 정말 많은 생소한 용어들이 현장에서 사용된다.

현장 용어가 어려운 이유는 아쉽게도 주로 일본어에서 유래된 게 많기 때문이다. 관행적으로 쓰던 것을 고치지 않고 그대로 사용해서 그렇다. 아무튼 현장 용어를 어느 정도

숙지하고 있으면, 의사소통에 훨씬 도움이 된다.

· 헤베: 잔디를 깔 때나 타일이나 벽돌 시공할 때 자재의 양을 계산할 때 헤베라는 단위를 쓴다. 예를 들어 "이 정도 넓이의 마당이면 잔디가 50헤베 정도 필요합니다" 이런 식이다. 헤베는 넓이를 측정하는 제곱미터(㎡)의 잘못된 표현이다. 대략 가로 세로 1x1m 넓이의 면적을 1헤베로 이해하면 된다.

· 루베: 벽난로에 사용할 장작 등을 구매할 때 루베라는 단위를 사용한다. "장작 2루베만 배달해 주세요" 실제 이렇게 주문한다. 루베는 부피를 측정하는 단위로 세제곱미터(㎥)의 잘못된 표현 방식이다. 가로, 세로, 높이 각 1m 부피의 양이 1루베다.

· 팔레트: 지게차 등으로 물건을 실어 나를 때 물건을 안정적으로 옮기기 위해 사용하는 구조물이다. 플라스틱으로 된 팔레트도 있지만, 현장에서는 나무로 된 팔레트를 많이 사용한다. 앞서 말한 현무암 판석이나 잔디 등을 판매할 때 헤베라는 단위로 팔기도 하는데, 그것은 양이 적은 경우다. 양이 많을 때는 팔레트란 단위로 판매한다. "이 정도 넓이에 현무암 판석을 깔려면 5팔레트는 들어가요" 이런 식이다. 단가로 따지면 팔레트 단위로 구매할 때가 더 저렴하다.

 전원주택 짓기

팔레트 단위로 구입한 판석과 잔디

•T: 목재나 석재의 두께를 말하는 T라는 단위가 있다. 보통 18T, 30T 등으로 표기하고 한글보다 영어를 사용한다. T라는 단위는 우리가 잘 알고 있는 mm로 이해하면 된다. 현무암 판석은 많이 사용하는 자재이다. 벽면 외장재로 사용할 때는 30T, 즉 30mm의 두께의 현무암 판석을 사용하기도 한다. 주차장 바닥에 현무암 판석을 시공하기도 한다. 주차장 바닥은 벽면보다 하중을 더 견뎌야 하므로 강도가 더 높은 50T 현무암 판석을 주로 사용한다. 목재나 석재는 두께가 두꺼워질수록 단가는 더 높아진다.

•바가지: 땅이 질퍽거리지 말라고 돌을 잘게 쪼갠 파쇄석을 깔아 주는 경우도 많다. 캠핑장이나 식당 주차장 등에서 많이 사용한

　　　　　　　　　　　　　2부. 전원생활의 시작

다. 파쇄석이나 모래를 주문할 때 바가지란 용어를 사용한다. "얼마예요?" 물어보면 "한 바가지에 20만 원입니다" 이런 식으로 대답한다. 물 뜰 때 사용하는 그 바가지는 당연히 아니다. 굴착기 앞부분에 땅을 팔 때 사용하는 장비를 버켓이라고 하는데, 현장에서는 그걸 두고 바가지라고 말한다. 즉 파쇄석이나 모래를 버켓으로 한 번 퍼 담은 양을 한 바가지란 단위로 사용한다.

• 마사토: 주택 공사 마감 시 주로 사용하는 마사토라고 부르는 흙이 있다. 순화하면 '굵은 모래'라고 하기도 하는데, 이 말도 흙의 성분을 표현하기에 적합한 것은 아니라고 전문가들은 말한다. 물빠짐이 좋고 화초나 작물을 키우기에 좋은 흙이라고 생각하면 될 것 같다. 공사 마감 시 잔디를 깔기 전에 마당 전체에 뿌려 준다. 또 텃밭을 만들 때도 이 흙을 사용한다.

• 나라시: 굴착기로 땅을 고르고 다지는 작업이다. 마사토를 마당에 골고루 뿌려 준 후 나라시 작업을 하게 된다. 일본어에서 유래된 말인데 고르기 작업, 평탄화 작업, 길들이기 작업 등으로 순화해서 사용할 수 있다.

• 시야기: 기초 매트를 위해 콘트리트를 타설하거나, 방바닥에 몰탈을 타설하고 마지막에 면이 고르게 펴지도록 흙손 등을 이용해

비계

마무리하는 작업을 말한다.

・아시바: 아시바는 집의 외장 공사 등을 할 때 집 주위로 설치되는 발판 같은 구조물이다. 작업자들이 작업을 안전하고 편하게 하려고 설치한다. 순화한 말은 비계, 또는 발판이라고 한다.

・바라시: 해체 작업을 뜻하는 말이다. 예를 들어 거푸집이나 아시바 등을 철거할 때 이 용어를 사용한다.

2부. 전원생활의 시작

• 구배: 욕실 공사나 마당 공사에 자주 사용하는 용어다. 바닥에 물이 흘러갈 수 있도록 경사면을 만들어 줄 때 사용한다. 주로 "구배 잡는다"라고 표현한다. 순화된 말로 '물매'란 말이 있다. 매우 중요한 일로 욕실의 경우 물이 고이지 않고 배수구로 잘 빠지게 하는 작업이다. 마당도 비가 많이 내릴 때, 물이 마당 안쪽이 아닌 배수구 또는 도로 쪽으로 빠지게 해주는 작업이다.

• 시마이, 오사마리: 둘 다 마감을 뜻하는 말이다. 보통 시마이는 하루의 일을 마감하는 정도의 의미로 많이 사용한다. 오사마리는 한 공정을 마감하거나 마무리하는 의미로 사용한다.

• 가베와 덴조: 가베는 벽의 바탕 작업으로 합판이나 석고보드로 내벽을 마감하는 작업을 말한다. 주로 내벽 작업 전반을 말하기도 한다. 덴조는 천장 틀 작업을 말하는데 가베와 마찬가지로 천장 작업 전반을 말하기도 한다.

• 와꾸, 가다: 콘크리트를 타설 하기 위해서는 거푸집을 먼저 만들어 주어야 하는데, 이 거푸집을 와꾸 혹은 가다라고 한다. 또 와꾸, 가다라는 말은 거푸집 말고도 일반적인 틀을 말할 때도 사용한다.

• 퍼티 또는 빠대: 퍼티 또는 빠대 작업은 내부 콘크리트 벽면에 구

멍 난 부분을 메꿔주는 작업을 말한다. 또 내부 벽면을 석고보드로 마감했을 때는 석고보드와 석고보드 사이의 틈 메꾸는 작업을 말한다. 도배 작업이나 도장 작업을 하기 전에 벽면을 고르는 작업이다.

• 까대기: 전기 작업 시 스위치나 콘센트 등을 설치하기 위해 콘크리트 벽면을 따내는 것을 말한다. 또 다른 의미로는 현장의 인부들이 쉴 수 있는 임시 휴게소란 용어로 사용되기도 한다.

• 3로 스위치: 전원주택을 이층으로 지었다면 저녁에 1층에서 2층으로 올라갈 때 계단 부분에서 불을 켜고 올라간다. 2층에 올라가서는 불을 꺼야 한다. 그런데 다시 1층으로 내려가서 끌 수 있다면 안 된다. 그래서 2층에서도 끄고 켤 수 있는 스위치를 만들어 준다. 이렇게 한 개의 조명을 위치가 다른 두 곳에서 컨트롤 할 수 있도록 만든 스위치가 3로 스위치다.

• 3상 전원: 일반 가정용으로 사용하는 단상 220V보다 더 안정적이고 강한 전류를 제공해서 전원 공급의 안정성을 확보할 수 있다. 주로 전력 사용이 많은 사무실이나 공장 등에서 사용한다. 일반적인 주거용 전원주택을 지을 때는 크게 필요가 없다. 그러나 1층을 사무실로 사용하고 2, 3층을 주거 공간으로 집을 짓거나 별

일자 쌓기로 시공한 담벼락

채에 전기를 많이 사용하는 공방을 만든다면 필요할 수도 있다.

• 노가다, 데모도, 시다, 오야(오야지): 노가다는 많이 들어봤을 것이다. 이는 현장 노동 자체를 의미하기도 하고, 현장 노동자를 칭하기도 한다. 데모도나 시다는 보조 노동자나 잡부를 의미한다. 오야 또는 오야지는 현장 책임자인 현장 소장이나 반장을 의미한다.

• 품: 작업자의 작업 시간이나, 작업 인원수를 계산할 때 품이란 용어를 사용한다. 한 명의 작업자가 하루 동안 해야 할 일의 양을 한 품이라고 한다. 반나절 작업량은 반 품, 이틀 동안 작업해야 할 경우 두 품 든다고 말한다.

• 벽돌 쌓기, 일자 쌓기, 헤링본: 타일을 지그재그로 붙이는 시공 방식을 벽돌 쌓기라고 한다. 벽돌 쌓기처럼 지그재그로 하지 않고 똑바로 쌓는 시공 방식을 일자 쌓기라 한다. 벽돌 쌓기 시공 방식보다 일자 쌓기 시공 방식이 더 난이도가 높다. 또 청어뼈에서 파생된 말로 헤링본 시공도 있다. 벽돌 쌓기나 일자 쌓기에 비해 좀 더 많이 특별하고 고급스러운 느낌이 든다. 하지만 타일 소모량도 많고 작업 시간도 많이 소요되므로 앞의 두 시공 방식에 비해 비용이 더 발생한다.

• 메지: 타일을 다 붙였다면 타일과 타일 사이를 메꾸는 작업을 한다. 이때 사용되는 용어가 메지다. "메지 넣는다"라고 한다. 순화된 용어로 '줄눈'이란 말이 있다. 메지 작업 혹은 줄눈 작업이 타일 작업의 마지막 단계다.

• 가쿠목(가꾸목), 다루끼, 오비끼: 조폭 영화를 보면 "가쿠목 가져와" 이런 대사들 들어봤을 것이다. 현장에서도 사용하는데 가쿠목은 각목, 각재를 말한다. 사이즈에 따라 다루끼와 오비끼가 있다. 다루끼는 약 4x5cm 사이즈의 소각재를 말하는 것이고, 오비끼는 이 보다 더 두꺼운 약 8x8cm 정도의 대각재를 말한다.

• 투바이포, 투바이식스: 목재를 크기에 따라서 부르는데 2x4 인치

목재를 투바이포라고 부른다. 2x6 인치 목재를 투바이식스라고 부른다. 2x4 인치를 cm로 변환하면 약 5x10 cm 정도인데, 실제 크기는 약 4x9 cm 정도가 된다. 생목을 재단할 때 기준으로 잡는 수치이고, 목재를 건조하고 표면을 가공하면서 약간의 로스가 발생한다.

3부 —— 전원생활의 완성

3부 —— 전원생활의 완성

19

밉게만 보지 말자!

전원생활 벌레 퇴치법

드디어 시작된 전원생활. 처음이라면 적응의 시간이 필요하다. 앞에서도 여러 번 강조한 집안 이곳 저곳 관리하는 일에 대한 적응이 가장 중요하다. 그다음 또 한 가지 적응해야 할 것이 있는데, 바로 벌레다.

벌레 때문에 전원생활을 힘들어하는 사람이 많다. 집 안에 들어온 벌레를 보면 남자도 마찬가지지만, 특히 아이나 여자들은 질겁을 한다. 익숙해져서 신경을 별로 안 쓰는 사람도 있다지만, 전원생활을 10년 넘게 한 나도 아직 벌레(뱀도 마찬가지)는 익숙해지지 않는다. 그래서 더욱 신경을 쓴다.

벌레 때문에 고민이라면 지금부터 말하는 몇 가지 방법

만 알아 두자. 집 안으로 들어오는 벌레 유입을 효과적으로 막을 방법이다. 일단, 벌레가 없어지려면 외부에서 집 안으로 벌레가 못 들어오게 해야 한다. 그게 가장 중요하다. 어떤 방법이 있을까?

창틀 물 빠짐 구멍 막기

창틀에 보면 빗물이 집 안으로 들어오지 못하게 물이 빠져나갈 수 있도록 하는 물 빠짐 구멍이 있다. 이 구멍으로 벌레들이 오간다. 그래서 이곳을 테이프 등으로 아예 막아 버리는 경우가 있다. 그런데 그러면 안 된다. 고인 물이 빠지지 않고, 집 안으로 들어올 수 있다.

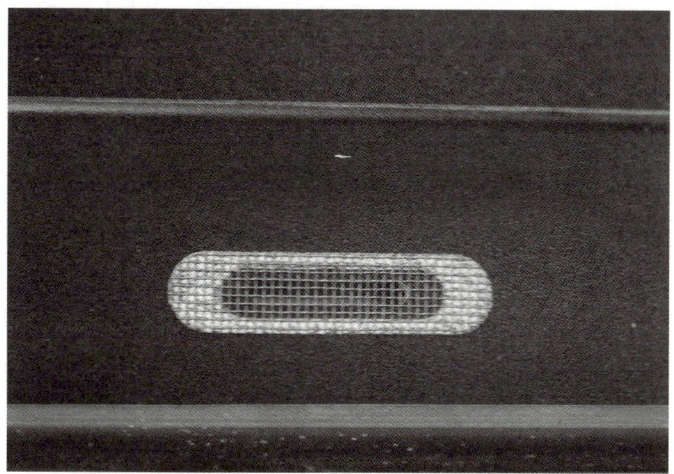

방충 스티커

그러면 어떻게 해야 할까? 물은 빠지고 벌레는 못 들어오게 하는 방충 스티커를 구해서 붙여 주면 된다. 다이소에 가면 쉽게 구입할 수 있다. 방충 스티커는 흰색과 검정 그리고 회색이 있다. 창틀 색상에 맞는 제품을 붙이면 깔끔하다.

나는 외부와 연결된 모든 창에 방충 스티커를 붙여줬다. 창틀의 물 빠짐 구멍에 방충 스티커는 바깥쪽에서 붙일 수도 있고 안쪽에 붙일 수도 있다. 2층에 있는 창문은 밖에서 붙이기가 어려우니 안쪽에서 붙였다.

하수구 트랩

하수구를 통해 집 안으로 들어오는 벌레도 있다. 싱크대나 세면대의 경우에는 물 내려가는 부분이 S자다. 그래서 물이 일정 부분 고여 있어 벌레가 들어오지 못하고 악취도 나지 않게 도와준다. 그런데 화장실이나 다용도실 바닥의 배수구에는 S자 트랩이 없다. 그래서 그 부분을 통해 벌레나 악취가 올라온다.

이를 막기 위해 설치하는 게 하수구 트랩이다. 원리는 간단하게 말해, 평소에는 막혀 있다가 물이 내려갈 때만 열리는 방식이다. 설치도 간단해서 배수구에 설치되어 있던 원래 부품을 빼고 하수구 트랩으로 갈아 끼워 주면 된다.

기온과 습도가 높아지는 여름에 궂은 날씨까지 이어지

    전원생활 벌레 퇴치법

하수구 트랩

면 하수구 냄새가 심하게 나는데 하수구 트랩은 냄새까지 잡아주니 일거양득이다. 단, 구매 시 주의할 점이 있다. 제품 종류별로 크기가 다르니, 우리 집 배수구 구멍 지름에 맞는 제품을 구매해야 한다.

갈라진 틈 메꾸기

처음에 집이 완성되었을 때는 외부 벽면과 바닥이 만나는 경계선에 틈이 없었다. 그런데 시간이 지나면서 건물과 땅이 자리 잡는 과정에서 틈이 발생하기도 한다. 그 갈라진

3부. 전원생활의 완성

틈으로 벌레가 집 안으로 들어올 수 있다. 그래서 틈틈이 실리콘 등으로 이를 메꿔줘야 한다.

여기에 사용하는 실리콘은 실내용이 아닌 외부용을 사용해야 한다. 철물점에 가서 외부용 혹은 외장용 또는 렉산용 실리콘을 구매하면 된다. 실리콘의 색상은 검정, 흰색, 회색 등이 있다. 집 외장재 색상과 가장 비슷한 색상을 선택해 시공하는 것이 깔끔하다.

살충제

벌레들이 들어올 수 있는 구멍이나 틈을 막았다고 하더라도 현관문을 열 때, 베란다 문을 열 때, 나도 모르게 벌레가 들어올 수도 있다. 이때는 살충제를 써서 퇴치하는 수밖에 없다.

벽면과 바닥이 만나는 부분 등에 살충제를 뿌려 주면, 벌레가 밟거나 스쳤을 때 약제가 벌레 몸에 침투되어 죽게 된다. 살충제는 액체로 된 것과 가루로 된 것이 있다. 가루보다 액체로 된 제품을 추천한다.

가루 제품은 반려견 등 동물이 흡입할 위험이 있다. 바람이 불면 날아가기도 하고 비가 오면 씻겨 내려간다. 액체 제품은 분무기로 분무하는 방식이라 사용하기 편하다. 집 주위를 한 바퀴 둘러서 뿌려주면 된다. 제품별로 상이하

     전원생활 벌레 퇴치법

액체 살충제

지만 제조사 말로는 한 번 뿌리면 약 2~3개월 정도 효과가 지속된다고 한다.

절지동물 퇴치

지네, 그리마 같은 절지동물은 벽을 타고 올라와 주방 환풍기나 벽면에 작은 틈을 통해 집 안으로 들어오기도 한다. 그런데 절지동물은 플라스틱 같은 재질은 미끄러워서 타고 올라오지 못한다. 그래서 이런 습성을 이용해 만들어진 퇴치 제품이 있다.

투명하고 얇은 플라스틱 제품으로 실리콘이나 양면테이프 등으로 집 외벽을 한 바퀴 둘러서 붙여주는 방식이다. 한 번 시공하면 추가 비용이 발생하지 않는다는 장점이 있다. 단, 집 외벽이 실리콘 자국 등으로 미관상 보기 좋지 않을 수도 있다는 단점도 있다.

이 정도면 벌레가 집 안으로 들어오는 일의 거의 없을 것이다. 그러면 마당이나 집 밖에서 만나는 벌레는? 그건 어쩔 수 없다. 도시라도 집 밖에는 벌레가 있다. 물론 전원주택이 있는 시골이라면 도시보다 더 많다. 하지만 자연과 함께하는 전원생활인 만큼, 벌레도 생태계의 훌륭한 일원이라는 점을 꼭 기억하자. 너무 밉게만 보지 말자.

 전원생활 벌레 퇴치법

20

장마가 오기 전 해야 하는 일

전원생활 시즌별 대비책1

지금부터는 전원생활을 하면서 단순히 귀찮고 불편하다를 넘어서, 안전사고 우려가 있는 것으로 사전에 준비하고 챙겨야 하는 사항에 대해 얘기하려고 한다. 바로 장마철 대비와 겨울철 대비다. 먼저 장마철 대비법부터 알아보자.

배수구 점검

요즘은 꼭 장마철이 아니더라도 시도 때도 없이 집중 호우가 쏟아진다. 그럼에도 전통적인 장마철에 대한 대비는 전원생활에서 반드시 챙겨야 하는 일이다. 특히 집 마당에 물어 고이지 않고, 배수가 잘되게 하려면 몇 가지 챙겨야 할 일이 있다.

 3부. 전원생활의 완성

배수구 거름망

일단 배수구 청소를 깔끔하게 해야 한다. 배수구는 물이 빠지도록 만들어 놓은 시설이다. 배수구가 어떻게 생겼는지 잘 안 그려진다면, 길이나 도로에 몰지각한 사람들이 담배꽁초 버리는 곳을 떠올리면 된다. 실제로 담배꽁초 때문에 도로의 배수구가 막혀 많은 문제를 일으킨다. 집마다 조금의 차이가 있겠지만, 우리집은 마당에 배수구가 세 군데 있다. 앞마당에 하나가 있고, 집 뒤편에 하나가 더 있고, 대문에서 현관까지 오는 길에도 물이 고이지 않게 하나를 더 만들었다.

보통 배수구에는 낙엽이나 이물질 등이 안으로 들어가지 않도록 차단하는 거름망이 있다. 우리가 매일 다니는 길가 도로에도 담배꽁초 같은 게 들어가지 못하도록 망 같은 걸 설치해 둔 것을 본 적이 있을 것이다. 여러 재질로 만들어진 제품이 있는데, 플라스틱으로 된 제품이 가위로 쉽게 자를 수 있어, 사용하기 편하다.

지붕이나 처마에서 흘러내린 빗물은 빗물받이에 모인다. 빗물받이에 모인 물은 관을 통해 바닥으로 내려 간다. 이 관을 홈통이라고 한다. 평지붕의 경우 옥상에 고인 빗물들도 이 홈통을 통해 내려 간다. 마찬가지로 이곳도 이물질이 쌓이거나 막히지 않도록 미리 청소해 줘야 한다. 여기에도 이물질이 쌓이지 않도록 막아주는 방지망이 있다.

배수구와 함께 배수로가 있다면, 역시 틈틈이 청소해야 한다. 모래나 흙, 낙엽 등이 쌓여서 물이 배수구로 흐르는 것을 방해해서는 안 된다.

지하수 뚜껑 보수

상수도가 들어오는 지역이라면 상관없지만, 상수도가 들어오지 않는 지역은 지하수를 파서 물을 사용한다. 이때 지하수를 사용하기 위해 만든 시설이 관정이다.

관정은 철재로 된 뚜껑을 덮어 놓는다. 대부분 녹색이다.

　　　　　　　　　　　　　　　3부. 전원생활의 완성

그런데 이 뚜껑이 사용하다 보면 녹이 많이 생긴다. 나는 철 브러쉬로 녹을 긁어내고, 래커 스프레이를 뿌려 보수를 해준다. 그래도 안 되면 그라인더로 녹을 제거해 버리고, 도장 작업을 하기도 한다. 그래도 녹 자체를 멈추게 할 순 없다. 그래서 나중에 많이 삭거나 하면 기성품을 새로 주문해서 덮어준다.

지하수 관정 뚜껑에 녹이 생기면 안전에도 문제가 있지만 미관상으로도 보기가 안 좋다. 그리고 무엇보다 녹으로 인해 뚜껑 구실을 제대로 하지 못한다면, 먹고 씻는 데 쓰는 물에 이물질이 유입될 수 있다. 특히 장마철에는 비의 양이 많으니 빗물과 함께 다른 이물질이 들어가지 않도록 뚜껑 관리를 잘 해야 한다.

데크에 오일 스테인 칠하기

목재로 된 데크는 일 년에 한두 번 오일 스테인을 칠해 줘야 한다. 이렇게 칠해 주면, 목재의 수명을 늘려 주는 것은 물론이고, 미관상으로도 보기가 좋아진다. 오일스테인은 페인트 가게나 인터넷 쇼핑몰에서도 용량별로 쉽게 구할 수 있다.

데크에 오일 스테인을 칠해 주는 작업도 장마가 오기 전에 해주는 것이 좋다. 오일 스테인을 바르는 방법은 먼저

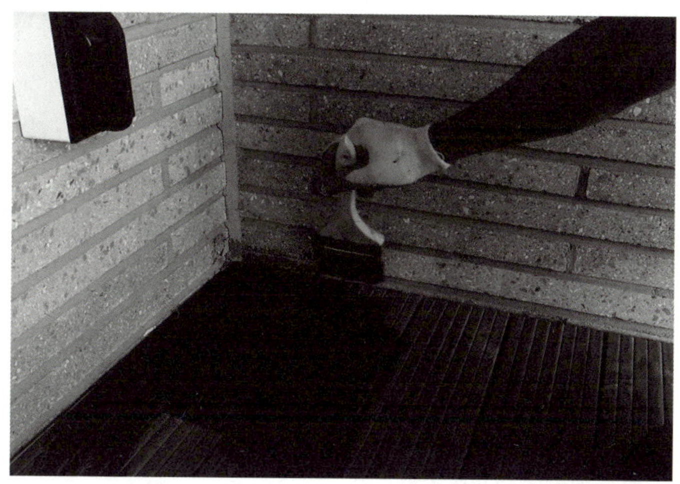

데크 오일스테인 작업

데크를 깨끗하게 물청소를 해주고 완전히 건조 시킨 다음, 오일 스테인을 칠하면 된다. 붓으로 칠해도 되고 넓은 면적은 롤러를 사용하면 좀 더 수월하게 작업할 수 있다. 오일 스테인을 칠하고 나서 하루 정도 건조 시킨 후 한 번 더 칠해 주면 좋다.

지붕 등 누수가 되는 곳 보수

지붕에서 누수가 발생하면 이건 정말 큰 일이다. 그런데 박공지붕이나 경사 지붕은 직접 올라가서 작업하기가 어렵

　　　　　　　　　　　3부. 전원생활의 완성

다. 올라간다고 한들 누수 되는 부분을 찾기도 어렵다. 평지붕이라고 해도 누수 부위를 일반인이 찾기는 쉽지 않다. 또 지붕과 외벽 접합 부분이나 외벽 틈새도 신경 써서 체크해야 한다. 이런 부분의 점검은 직접 하기보다 전문가에게 의뢰해서 안전하게 시공하는 것을 추천한다. 누수가 의심되는 곳이 있다면 장마철이 오기 전에 얼른 점검을 받아두는 것이 좋다.

마당 및 외부 시설물 고정

바람과 태풍에 대비해서 날아갈 물건은 없는지 확인해야 한다. 마당의 파라솔, 야외 테이블, 의자, 화분, 쓰레기통 등 가벼운 물건은 모두 실내나 창고로 들여놓아야 한다. 옮기기 어렵다면 밧줄로 단단히 묶어 고정해 둘 필요가 있다.

그리고 외부 테라스의 어닝(차양막)도 반드시 끝까지 접어서 고정해야 한다. 강풍에 천이 찢어지거나 골조가 휘게 되면, 자칫 큰 사고가 날 수 있다.

이 외에도 장마철에는 텃밭 관리도 중요하다. 작물을 묶어둔 지지대 보강 작업도 필요하고, 화단이나 정원수 관리도 장마철에 맞춰 챙길 것이 있는지 점검해야 한다.

마당의 잔디는 물이 고이면 죽는다. 그래서 물이 잘 빠져야 하는데, 잔디를 깔 때 그런 부분을 미리 신경 쓰겠지만 앞서 말한 물매 작업이 정확히 안 돼 물이 자꾸 고인다면, 모래를 이용해 땅을 높여 주는 일도 해야 한다.

사소한 것부터 큰 것까지 장마나 태풍이 오기 전 세심하게 관리하고 챙겨야 안전사고 없이 여름을 잘 날 수 있다.

21

겨울이 오기 전 해야 하는 일
전원생활 시즌별 대비책2

장마철 다음으로 또 중요한 게 겨울이다. 전원주택에서 겨울이 오기 전에 해야 할 일에 대해 살펴보자.

동파 방지

먼저 동파 방지다. 외부의 계량기나 배관 모터가 얼지 않도록 하는 것을 말한다. 잘 아는 것처럼 상수도를 사용한다면 외부에 있는 수도계량기를 헌 옷이나 수건 등으로 잘 감싸주어 얼지 않도록 해야 한다. 지하수를 사용하는 거라면 지하수 관정 주변으로 단열 작업을 해줘야 한다. 동파를 예방하기 위해 지하수 펌프에 열선을 감기도 한다. 이때 열선을 겹치게 감으면 과열 및 화재 위험이 있으므로 주의해야 한다.

전원주택에는 마당으로 외부 수도를 하나 혹은 두 개 정도 빼놓는다. 텃밭에 물을 주거나 세차를 할 때 사용하는 용도인데, 겨울에는 동파 위험으로 거의 사용하지 않는다. 수도 밸브를 잠그고, 고인 물도 뺀 다음, 외부 수도용 보온재를 철물점에서 구입해서 감아주면 좋다.

제설

전원주택에 살면 반가우면서도 반갑지 않은 것이 바로 눈이다. 보기에는 정말 아름답지만, 치울 생각을 하면 마음이 무겁다. 내 집 앞은 물론이고, 중심 도로가 연결되는 곳까지 눈을 치워줘야 차량 운행도 원활히 할 수 있다. 그래서 눈을 치울 수 있는 넉가래나, 눈삽, 송풍기, 염화칼슘 등 제설 장비도 미리 준비해야 한다. 지자체에 따라 모래를 무료로 제공해 주는 곳도 있다.

차량 앞 유리를 덮어주는 성에 방지 커버도 꼭 필요하다. 전원주택이라도 벙커 주차장(건물 아래에 주차장이 있는 형태)이라면 괜찮은데, 그렇지 않은 곳이라면 앞 창 유리에 성에가 낀다. 아침마다 성에를 제거하는 것은 꽤 번거롭고 시간이 걸리는 일이다. 이때 성에 방지 커버를 덮어주면 깔끔히 해결된다.

난방 – 열 관리

겨울이니 당연히 난방을 위한 준비도 필요하다. 전원주택에서 사용하는 보일러는 화목 보일러, 지열 보일러, 심야전기 보일러 등이 있다. 대표적으로 많이 사용하는 것은 가스보일러와 기름보일러다. 보일러에 사용되는 연료는 도시가스, LPG 가스, 기름이다. 이 중 도시가스가 비교적 저렴하고 관리차원에서도 편리하다. LPG 가스를 사용할 때는 대형 저장탱크(벌크통)를 설치해 사용하고 주기적으로 충전도 해주어야 한다. 도시가스를 사용한다면 별도로 준비할 것이 없다. 그리고 기름보일러를 사용한다면 난방유를 미리 주문해서 받아 놔야 한다.

겨울에는 우리집 말고도 주문하는 곳이 많으므로 바로 배달이 되지 않을 때도 있다. 뒤늦게 주문했다 배달이 늦어지면, 며칠 추위에 떨어야 한다. 그래서 미리미리 챙기는 것이 중요하다.

난방 – 도시가스

'전원주택인데 도시가스가 들어와?' 의아해하는 사람도 있다. 그만큼 도시가스를 사용하는 전원주택은 LPG나 기름을 사용하는 전원주택에 비해 많지 않다. 개인이 원한다고 설치할 수 있는 것도 아니다. 그래서 도시가스가 들어오

　　　　　　　　　　　　전원생활 시즌별 대비책

도시가스 배관 공사를 마친 모습

는 전원주택이 로망이라고 말하는 사람도 많다.

아파트에 살 때는 도시가스를 사용하는 것이 너무나 당연한 것으로 알았는데, 전원생활을 하면 당연하게 생각되던 것들이 소중한 것들이었음을 깨달을 때가 있다.

나는 10년 넘게 기름보일러를 사용하다가 지금 사는 곳에서는 운 좋게 도시가스를 사용 중이다. 처음부터 도시가스가 들어온 것은 아니고, 살다 보니 마을 정비 사업의 일환으로 도시가스가 들어왔다. 그렇다고 공짜로 설치해 주는 것은 아니었다. 집 앞 도로까지는 배관 공사를 해주지만, 집 앞 도로에서부터 우리 집까지의 공사와 보일러 연결은 직접 해결해야 했다. 이런 이유로 설치 신청을 하는 집도

241

있고, 그렇지 않은 집도 있었다.

도시가스가 편한데, 이걸 안 하는 사람이 있다고? 그런데 지불해야 할 시공비를 생각하면 고민이 드는 게 사실이다. 내가 지불한 시공비를 간략히 살펴보자(2022년 기준).

먼저, 예스코(서울과 경기도 쪽으로 LNG를 공급하는 기업)에 납부한 금액이 약 120만 원이었다. 이 금액은 도시가스를 신청하는 모든 가구가 공통으로 지불해야 하는 금액이다. 그 다음으로, 도로에서 집까지 배관을 끌어오는 공사 비용이 약 160만 원이었다. 이건 도로에서 집까지 연결하는 길이가 집마다 다르니 조금씩 차이가 있다. 마지막으로, 보일러 교체 비용이 약 120만 원 들었다(보일러 용량에 따라서도 금액은 달라진다). 우리 집은 기름보일러를 사용하고 있었기 때문에, 가스보일러로 교체가 필요했다. 그렇지 않고 이미 LPG 가스보일러를 사용하던 집이라면 따로 교체할 필요가 없다. 그래서 보일러 교체가 필요 없는 집은 약 280만 원 내외의 자기 부담금이 발생했지만, 나는 400만 원이 들었다. 다른 집은 설치에 약 600만 원 정도가 발생하기도 했다.

도시가스가 여러 가지로 편하고 비용도 절감된다고 하지만, 설치에 들어간 자기 부담금을 회수하려면 얼마나 걸릴까? 5년에서 10년? 집마다 보일러 사용량에 따라 다르겠

     전원생활 시즌별 대비책

지만 꽤 오랜 시간이 필요한 건 사실이다. 그래서 주말 주택으로만 이용하거나 조만간 매도 계획이 있다면, 그리고 목돈이 부담되는 집이라면 선뜻 도시가스 설비 투자가 쉽지 않다.

난방 – 석유난로와 벽난로

보조 난방으로 석유(등유)난로를 사용하는 경우도 많다. 난로에 사용하는 등유는 기름보일러에 사용하는 것과 같다. 주유소에 가면 쉽게 구입할 수 있다. 동계 캠핑을 다녀본 캠퍼들이라면, 석유난로를 써봤을 테니 잘 알 것 같다.

조금 덜 번거롭게 사용하려면, 보일러용 난방유를 주문할 때 따로 말 통(20L)에 받아 두었다가 난로용으로 사용하면 된다. 그러면 일부러 주유소에 가야 하는 번거로움을 줄일 수 있다.

그리고 팁을 하나 더 말하자면, 보일러에 사용할 난방유를 먼저 채우고, 석유난로에 사용하는 기름은 나중에 받는 것이 좋다. 주유소에서 기름을 배달하는 탱크로리는 난방유만 배달하는 깃이 아니라, 같은 기름통에 경유 같은 다른 기름도 넣어서 함께 배달한다. 그러니까 우리 집에 오기 전에 경유를 배달 했다면, 처음에 받는 기름에는 경유가 조금 섞여 있을 수 있다. 경유가 일부 섞인 기름은 보일러를 돌

3부. 전원생활의 완성

리는 데는 문제가 없지만, 석유난로에는 좋지가 않다.

벽난로를 사용한다면 장작도 미리 준비해야 한다. 장작도 난방유와 마찬가지로 겨울이 성수기이기 때문에 미리미리 주문해 두는 것이 좋다.

앞에서 벽난로 얘기를 하면서 봄철에 주문에 장작을 말리는 것이 좋다고 말한 적이 있다. 장작은 올해 벌목한 것보다는 작년에 벌목해서 말려둔 게 불도 잘 붙고 화력도 좋고 연기도 덜하다.

난방 - 보일러 구동기

보일러 점검도 필요하다. 보일러에서 거실 또는 각 방으로 연결되는 파이프에는 각각 조절 장치가 달려 있다. 이 장치가 보일러 구동기이다. 거실에 난방을 켜면, 거실 쪽 구동기가 열리면서 따뜻한 물이 거실 바닥으로 순환되어 따듯하게 해준다. 반대로 거실에 난방을 끄면 구동기가 닫히면서 따뜻한 물이 돌지 않는다. 그런데 고장이 나면 여닫는 제어가 안 되기 때문에 보일러를 틀어도 바닥이 따뜻하지 않은 문제가 생긴다. 그래서 구동기 작동 여부, 이상 유무를 겨울이 오기 전 체크해야 한다.

구동기를 체크하는 방법은 구동기에 있는 다이얼을 시계 방향으로 한 칸 돌려보면 된다. '딸깍' 소리와 함께 구동

봄에 미리 구비한 장작

보일러 구동기

기가 돌아가면서 제자리로 돌아오면 정상이다. 제자리로 돌아오지 않고 멈춰 있다면 고장이 난 것이다. 구동기는 소모품이다. 여분의 구동기도 미리 준비해 놓는 것이 좋다.

이 외에도 나무를 키우면 나무에 보온재를 감아 주는 작업도 해야 한다. 밖에서 반려견을 키우면 집의 보온 처리를 해주거나, 옷을 입혀주어 조금이나마 따뜻하게 지낼 수 있게 해주어야 한다. 실내에 큰 창문은 커튼을 이용해 열 손실이 없도록 해주고 폭설로 고립이 될 수 있는 지역이라면 비상식량도 미리 준비해 두면 좋다.

          전원생활 시즌별 대비책

22

이건 꼭 필요해!

전원생활 필수 아이템1

아파트에 살 때는 전혀 필요 없고 쓸모도 없는 물건인데, 전원주택에 살면 꼭 필요한 물건이 있다. 삽, 호미, 낙엽 갈퀴, 넉가래, 대빗자루, 집게, 야외 테이블과 의자, 사다리, 호스, 예초기, 각종 공구 등 정말 많다. 전원주택에서 10년 이상 생활하는 동안 여러 가지 다양한 제품을 구매하고 사용해 봤다. 그중에서 최소 5년 이상 사용해 본 제품 중 만족도가 높은 제품을 추려봤다. 하나씩 살펴보자. 중요도순이나 구매 우선순으로 정리한 건 아니다.

송풍기

 전원생활 필수 아이템

송풍기

사용 용도는 크게 두 가지다. 앞에서도 잠깐 언급한 적 있는데, 하나는 낙엽을 쓸기 위한 용도다. 정말 편리하다. 갈퀴로 쓸어주는 것에 비해 작업 시간이 엄청나게 단축된다. 또, 잔디에 붙어 있는 낙엽은 갈퀴로는 잘 쓸리지도 않는데, 송풍기로는 깔끔하게 쓸린다.

그리고 제설용으로도 요긴하다. 눈도 바람으로 날려버리는 방식이다. 함박눈이 내려 발이 푹푹 들어갈 정도로 많이 쌓여 있을 때를 제외하고는 눈 치우는 시간이 훨씬 단축된다. 또 차에 쌓인 눈을 털어 주기에도 좋다. 빗자루로 치우다 보면 차에 가해지는 스크래치 걱정을 하게 되는데, 그런 고민이 필요 없어진다. 여러모로 쓸 때가 많은 것이 송풍기다.

감아 쓰는 호스

잔디나 나무에 물을 줄 때나, 데크 청소를 하거나 세차할 때도 호스를 사용한다. 호스의 길이는 최소 10미터 이상 정도여야 쓸 만하다.

전원생활 초기에는 일반적인 호스를 사서 사용했다. 호스를 사용하고는 매번 깔끔하게 정리했는데, 점점 번거로워지기 시작했다. 그렇다고 대충 감아서 바닥에 놓으면 보기에도 지저분해 보이고, 중간중간에 호스가 꼬이기도 했

  3부. 전원생활의 완성

감아 쓰는 호스

다. 또 내구성이 약한 호스는 햇빛에 오래 노출되면 바늘만
한 구멍이 생기고, 심하면 터지기도 했다.

그래서 택한 것이 감아서 쓰는 호스다. 가운데 축이 있고
그 축에 호스가 돌돌 감겨 있는 제품이다. 필요한 만큼 쭉
잡아당기면 호스가 풀린다. 호스를 감으려면 축에 달린 손
잡이를 돌리기만 하면 된다. 사용하기 편리하고 호스가 꼬
이는 일도 적다. 또 커버가 있는 제품은 햇빛 노출도 막아
준다.

그리고 간단한 팁을 하나 더하자면 감아 쓰는 호스를 사
용할 때 1구 수도꼭지보다 2구 수도꼭지가 더 편리하다. 호

　　　　　전원생활 필수 아이템

스가 물려있는 상태에서 간단하게 손을 씻거나 물건을 씻을 수 있기 때문이다. 외부 수도에 1구 수도꼭지가 달려 있다면, 철물점에서 2구 수도꼭지를 사 와서 갈아주면 된다.

농업용 손수레

전원생활을 하면 주기적인 집 유지 보수는 필수라고 했다. 그러려면 자재나 도구 등을 옮기거나 해야 하는데, 이때 리어카처럼 자재를 담아 옮길 수 있는 농업용 손수레가 가장 많이 사용된다. 우리가 '구르마'라고 부르는 것이다.

텃밭에 흙을 채우기 위해 흙을 나를 때, 판석을 깔려면 기초로 모래를 깔아주어야 하는데, 이때 모래를 퍼서 나를 때도 쓸 수 있다. 잔디를 심기 위해 잔디를 옮길 때, 시멘트, 벽돌, 퇴비 등 여러 가지 자재를 옮길 때도 필요하다.

시골에서는 쓰레기 배출 장소가 멀리 떨어져 있는 경우가 많아, 모아두었다가 한꺼번에 처리해야 하는 불편함도 있다. 이때 양도 많고 버리는 곳이랑 거리가 있다면, 손수레가 요긴하게 쓰인다.

간혹 간단한 폐지나 목재 같은 것을 직접 불을 피워 소각하기도 하는데, 이는 불법이다. 어떠한 쓰레기라도 태워서는 안 되고, 분리해서 버려야 한다. 우리 동네는 월요일에 재활용 쓰레기를 배출하고, 수요일에 일반 쓰레기를 배출

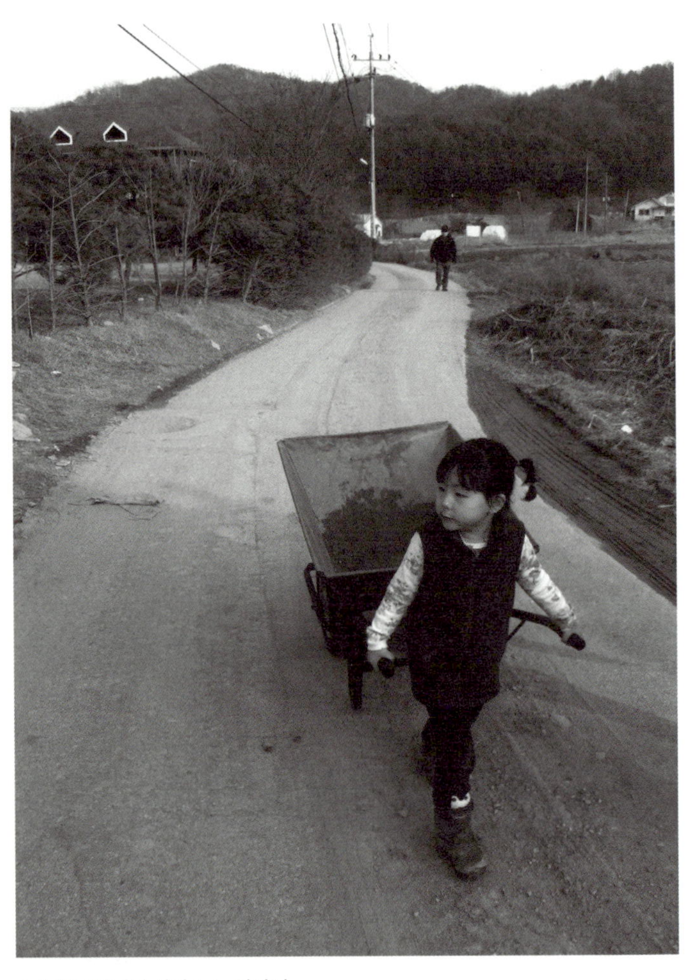

손수레를 장난감 삼아 노는 딸아이

한다. 이는 도시와 비슷하다.

전동 드릴(드라이버)

손수레와 마찬가지로 집 유지 보수를 해야 할 때 많이 쓰는 아이템이다. 목공에도 전동 드릴을 많이 사용한다. 그러나 꼭 목공이 취미가 아니더라도 필요한 공구다.

전등을 교체할 때도 필요하고, 이케아 같은 가구를 조립할 때도 필요하다. 또 방충망 설치할 때, 블라인드나 커튼을 설치할 때, 벽에 선반을 달 때 등 정말 여기저기 사용된다. 이는 도시 생활에서도 필요해, 아마 갖고 있는 집이 꽤 있을 것 같다.

전동 드릴은 힘이 좋은 것을 구입할 것을 추천한다. 전동 드릴을 보면 12v, 14.4v, 18v, 20v 등 숫자가 적혀 있는데 볼트 수가 높을수록 힘이 강하다. 뭐, 얼마나 자주 쓴다고, 그냥 적당한 것 사지, 이렇게 생각했다가 나중에 후회하는 일이 많다. 가격 부담이 되더라도 가능하다면 힘이 좋은 드릴을 쓰는 것이 여러 용도로 사용하기에 좋다. 또, 유선과 무선이 있는데, 무선으로 충전식 배터리를 사용하는 전동 드라이버가 더 좋고 편하다. 18v 이상의 무선 전동 드릴을 구매하는 것을 추천한다.

전동 드릴은 또 일반 드릴, 해머 드릴, 임팩 드릴 등으로 종류가 나뉘기도 한다. 일반 드릴에 망치 같은 기능이 추가로 들어간 게 해머 드릴이다. 주로 콘크리트 벽면이나 바닥을 뚫을 때 사용한다. 또 피스 작업을 좀 더 쉽게 할 수 있는 것이 임팩 드릴이다. 둘 다 하나씩 있으면 좋겠지만, 하나만 구입한다면 해머 드릴이 좋다.

전동 잔디깎이

잔디깎이는 앞에서도 한 번 얘기한 적 있다. 간단히만 다시 설명하면, 수동도 있고 자동도 있다. 당연한 얘기지만, 자동이 당연히 편하고 무선 충전식이 좋다. 브랜드별로도 다양하고 가격도 천차만별이다. 잔디밭 면적과 예산 등을 고려해서 선택하면 된다.

뚜껑 있는 바비큐 그릴

전원생활을 시작하게 되면, 초창기에는 매주 바비큐를 한다. 친구들을 초대했을 때도 여지없이 바비큐다. 아파트에서 쉽게 해 먹을 수 없는 것이기도 하고, 마당에서 바비큐 파티를 하는 것도 전원생활의 로망 중 하나이기 때문이다. 그러나 바비큐도 시간이 지날수록 번거로움과 귀찮음 때문에 점점 덜 하게 된다.

나는 최근 불에 바로 굽는 직화 구이 말고 연기로 익히

           전원생활 필수 아이템

전동 자주식 잔디깎이

는 훈연 요리를 시작하고 나서, 한동안 잘 쓰지 않던 바비큐 그릴을 자주 이용하게 됐다.

직화 구이는 가스버너나 전기 프라이팬으로도 할 수 있지만, 훈연하기 위해선 바비큐 그릴이 반드시 필요하다. 또 바비큐 그릴 중에서도 뚜껑이 있는 제품이 있어야 한다. 유명 제품으로 웨버 같은 게 있다. 아마 한 번쯤 보았을 것 같다.

숯불에 직화 구이를 하면, 고기가 타지 않도록 계속 뒤집어 주는 일을 해야 하는데, 훈연 방식은 숯 위에 고기를 바로 올리는 것이 아니기 때문에 그럴 필요가 없다. 다만 조

바비큐 그릴

리 시간이 오래 걸리는 단점이 있다. 고기의 종류와 양에 따라 다르지만 최소 두 시간 정도는 생각해야 한다. 하지만 그런 기다림 끝에 먹는 고기 맛은 내 입맛으로는 최상급이다.

바비큐 그릴로 다양한 요리를 하나씩 해보는 것도 재미다. 그래도 숯을 피우고 청소하는 것이 번거롭다면 가스나 전기를 사용하는 것이 대안이다.

이 외에도 여러 가지 물건들이 있겠지만, 살면서 하나씩 갖춰 나가길 바란다. 처음부터 이것저것 다 사기보다는, 실

    전원생활 필수 아이템

제로 생활 속 불편함을 겪은 뒤 그 문제를 해결해 줄 수 있는 아이템을 찾는 것이 더 합리적인 소비가 된다. 그리고 구매 전에는 유튜브 등을 통해 충분히 알아보면, 내게 맞는 좋은 제품을 선택할 수 있다.

23

태양광 주택지원사업

전원생활 필수 아이템2

이 책의 마지막 글로 태양광에 대해 얘기하려고 한다. 개인적으로 전원생활을 하면서 만족도가 컸던 터라 여러분에게 꼭 소개하고 싶은 마음으로 마지막에 넣었다.

나는 2022년도에 주택용 태양광(패널)을 설치했다. 집에 설치하기 전 유튜브 등으로 관련 정보를 많이 찾아봤다. 정부 보조금은 얼마나 받았고, 그래서 자기 부담 비용은 어느 정도가 되는지, 설치 후 전기 요금은 얼마나 절약되는지 등. 여러 정보는 많았는데, 실제 태양광 신청 방법이나 과정을 자세하게 다룬 자료는 많이 없어 아쉬웠다. 그래서 이 지면을 빌려 좀 상세히 서술하고자 한다. 이 내용은 2022년도 기준이라 현시점에서는 다를 수 있음을 염두에 두자.

설치 여부 판단

"태양광을 설치, 이득일까? 손해일까? 괜히 설치비만 더 나오는 것 아니야?"

주택용 태양광을 설치하기 전에 이런 고민을 대부분 한다. 가장 보편적으로 하는 말이 한 달 전기 요금이 10만 원 이상이면 태양광 설치가 이득이고, 10만 원 미만이면 설치해도 별 실익이 없다는 말이다.

정확한 것은 아니지만 이해를 돕기 위해, 예를 하나 들어 보겠다. 한 달 전기료가 10만 원 나오는 집이 태양광 설치 후 4만 원이 나와 월 6만 원이 절약된다면 1년이면 72만 원이 절약된다. 그런 다음 5년(태양광을 전기로 변환해 주는 인버터의 보증 기간이기도 하다) 동안 이용한다면, 72 x 5 해서 총 360만 원이 된다. 여기에 태양광을 설치하는데 들어가는 비용이 200만 원, 그러면 5년이 지난 시점에 360 – 200 해서 160만 원이 절약된다. 그런데 한 달에 5만 원 정도 전기료가 나오고 태양광 설치 후 3만 원이 절약된다면, 1년이면 36만 원, 5년이면 180만 원이 된다. 태양광 설치 비용은 동일하게 200만 원이니, 180 – 200 으로 오히려 20만 원 손해가 된다. 그래서 우리 집 전기 사용량에 따라 태양광 설치가 이득일 수도 손해일 수도 있다.

우리 집은 태양광을 설치한 지 3년이 넘었는데, 전기 사용량이 적은 1인 가구가 아니고, 가족이 함께 사용하는 것인 만큼 태양광 설치가 유용했다. 꼭 전기 요금이 한 달에 10만 원 이상 나오지 않더라도 말이다.

내가 처음 설치를 생각하게 된 이유는 이전 집에서는 한 달 전기료가 5만 원 미만이었는데, 이사를 하고 나서 지금 집에서는 10만 원 정도가 나와서 설치를 검토하게 됐다.

전기 요금이 갑자기 두 배로 늘어난 것은 이전 집에는 사용하지 않던 것이 추가되었기 때문이었다. 지하수 펌프를 돌리는 데 들어가는 전기와 주방에서 사용하는 화구가 가스에서 인덕션으로 교체되면서 이에 대한 사용도 추가되었다. 실제 전기 사용량이 두 배가 된 것은 아니지만 누진제가 적용되어 요금은 두 배가 나왔다.

여름에는 누진 구간이 좀 더 여유롭다고는 하지만, 그래도 에어컨을 빵빵하게 틀지를 못했다. 주야장천 에어컨을 틀다가 전기세 폭탄을 맞을까 두려웠기 때문이었다. 그러다 주택용 태양광을 설치하고서부터는 이 두려움에서 확실히 벗어날 수 있었다.

그럼, 이제부터 태양광 주택지원사업 신청부터 설치 과정에 대해 살펴보자. 지자체 별로 조금 상이할 수 있다.

　　　　　　　　　　　전원생활 필수 아이템

설치 절차

태양광 주택지원사업은 개인이 직접 신청할 수 없다. 태양광 설치 업체를 통해서만 신청할 수 있다. 내가 업체를 알아본 것은 2022년 1월부터다. 인터넷으로 검색해 여러 업체를 비교해 봤다. 그중 최종으로 업체 한 곳을 정해, 2월 4일에 태양광 주택지원사업 신청을 의뢰했다.

보통 에너지 관리공단에서 태양광 주택지원사업 공고를 1년에 한 번 올린다. 보통 3월이다. 내가 신청한 2022년도에는 4월 25일에 공고가 올라왔다. 설치 업체에 의뢰하게 되면, 5월 초에 설치할 수 있는 집인지 그렇지 않은 집인지 체크하러 온다. 보통 지붕 위에 태양광을 설치해 둔 것을 많이 봤을 텐데, 철근 콘크리트 집이라면 가능한데, 우리 집처럼 목조 주택이면 지붕 설치가 안 된다. 그러면 지붕이 아닌 다른 곳으로 공간이 있는지를 확인해야 하는데, 우리 집은 주차장 쪽으로 설치가 가능했다(주차장 평지 위).

이제 본격적으로 사업 신청을 해보자. 필요한 몇 가지 서류가 있다. 한전에서 고객 정보(전기 사용 관련) 종합 내역 1년 치를 발급받는다. 마을 주민센터(행정복지센터)에서 본인 서명 사실 확인서를 발급받는다. 이 두 개 서류를 설치 업체에 전달해야 한다. 우리 집은 최종 5월 9일, 태양광 설치 업체에서 에너지 관리 공단에 신청을 완료했다.

태양광 주택지원사업을 신청한다고 해서 다 지원을 해주는 것은 아니다. 예산이 한정적이라 신청자가 많으면 추첨을 통해 당첨자를 뽑는다. 약 2주 뒤에 발표가 있었는데, 운 좋게 지원금을 받을 수 있게 되었다. 당시 설치 기사의 말을 빌리자면, 양평 지역의 경쟁률이 700대 1이었다고 한다. 2022년도 기준, 주택용 태양광 설치 총사업비는 5,163,000원이었다. 지원사업에 당첨이 되면서 총사업비의 일부(50%)를 보조받았다.

설치 시공

설치는 신청한 순서에 따라 차례대로 이뤄진다. 내가 설치한 해에는 조달청의 자재 수급 문제가 있어서 조금 늦어졌고, 8월 말이 되어서야 설치할 수 있었다. 에어컨을 많이 쓰는 시기를 넘긴 터라 좀 아쉬웠다. 시기를 앞당기려면, 업체를 빨리 선정하고 의뢰하는 것이 유용하다.

태양광 설치 시 기본 타입은 추가 비용이 없다. 나는 주차장 타입으로 신청했기 때문에 대략 2.5~3m 높이의 기둥을 세우고, 그 위에 설치했다. 기둥 설치에도 20만 원의 추가 비용이 발생했다.

설치가 완료되면, 설치 업체에서 한전에 상계 거래 신청을 한다. 집에서 태양광을 통해 전기를 생산하면, 사용량이

　전원생활 필수 아이템

태양광

적으면 전기가 남아, 이 남은 전기를 한전에 다시 팔아, 내가 쓴 것과 판 것을 상계한다(서로 더하기 빼기를 한다).

낮에는 태양광으로 발전한 전기를 사용하고, 밤에는 태양광 발전이 안 되니 한전에서 끌어온 전기를 사용한다. 이것을 수전량이라고 한다. 내가 발전으로 만든 양과 수전량을 서로 계산해 전기 요금을 체크하는 것이다. 해가 좋을

263   3부. 전원생활의 완성

때는 내가 생산한 전기가 더 많아 전기 사용료를 100% 감액받게 되는데, 이때도 기본요금은 내야 한다. 그래서 "태양광 설치 후 전기 요금이 0원" 이런 광고는 거짓말이다. 그럼 내가 더 생산한 잉여 전기는 어떻게 될까? 다음 달로 이월되어 계산된다.

상계거래 신청 후 전기안전공사에서 설치 가구를 방문해 제대로 시공이 되었는지, 다른 문제는 없는지 등을 체크한다. 이후 전기안전공사 심사 완료가 되면 시공 업체에서 해당 지자체로 지원금 신청을 대행해 준다(이것은 국고보조금과는 별개다). 우리 집은 경기도 지원금 약 50만 원, 양평군 지원금 약 80만 원을 받았다. 때에 따라 편성된 예산은 다르다. 다시 한번 말하지만, 빠르게 신청하고 설치하는 것이 예산 지원을 놓치지 않는 방법이다.

설치가 완료되면, 한전에서 계량기 설정을 변경하러 온다. 한전 전기를 사용할 경우 계량기 내 원판이 시계 방향으로 돌아간다. 그런데 사용한 전기보다 태양광 발전으로 만든 전기가 더 많을 경우 반시계 방향으로 돌아간다. 거꾸로 돌고 있는 모습을 보고 있으면, 신기하면서도 태양광 설치하길 잘했다는 생각이 든다.

1월부터 알아보고, 설치와 최종 승인, 지원금 입금까지 10개월이 걸렸다. 나름 미리미리 준비했다고 생각했지만,

     전원생활 필수 아이템

결코 빠른 것은 아니었다. 전년도에 알아보고 서두르는 것이 전기 사용이 많아지는 여름에 제대로 혜택을 누릴 방법이 된다.

자기 부담 비용 회수

3kw주택용 태양광 패널을 설치하고 자기 부담 비용을 뽑을 때까지 어느 정도가 걸렸을까? 그동안 절약된 전기 요금을 계산해 봤다. 3년 안에 손익분기점에 도달했다. 가구마다 전기 사용량이 다르기 때문에 손익분기점 시기는 각각 차이가 있다.

물론 변수도 있다. 태양광을 전기로 변환해 주는 인버터가 고장이라도 나면, 교체하는 비용이 별도로 발생한다. 현재 기준으로 교체 비용은 70~80만 원 정도이다. 이런 비용을 고려하더라도 태양광 설치가 좀 더 이득이다. 이상 기후로 인해 여름이 점점 더 뜨거워지고 있고, 누진세 신경 안 쓰고 에어컨을 쓸 수 있다는 것만으로도 충분한 가치가 있다고 생각한다.

집마다 전기 사용양이 다르고 하니 설치비와 절감액을 따져보고, 보조금 혜택 등도 잘 살펴서 설치 여부를 결정하면 좋겠다.

BH 066

누구나 마당 있는 집을 꿈꾼다
: 찬집사의 전원생활 전원주택 가이드

초판 1쇄 발행 2026년 4월 1일

지은이 김효찬

펴낸이 이승현
디자인 스튜디오 페이지엔

펴낸곳 좋은습관연구소
출판신고 2023년 5월 16일 2025-000257호
주소 서울특별시 마포구 월드컵북로 400, 서울경제진흥원 5층 출판지식창업보육센터 18호

이메일 buildhabits@naver.com
홈페이지 buildhabits.kr

ISBN 979-11-93639-78-8 (13540)

좋은습관연구소에서는 누구의 글이든 한 권의 책으로 정리할 수 있게 도움을 드리고 있습니다. 메일로 문의주세요.